♦ 1944 年，吉姆身穿海軍制服。

♦ 吉姆·麥克拉摩（右）以及他的手足：克萊兒（中）和大衛。

♦ 殖民餐廳的菜單。

♦ 布里克爾橋餐廳。

♦ 戴夫・伊格頓，漢堡王的共同創辦人。

♦ 1957 年之前的漢堡王本店，以及華堡的誕生地。

♦ 一家早期的漢堡王內部。

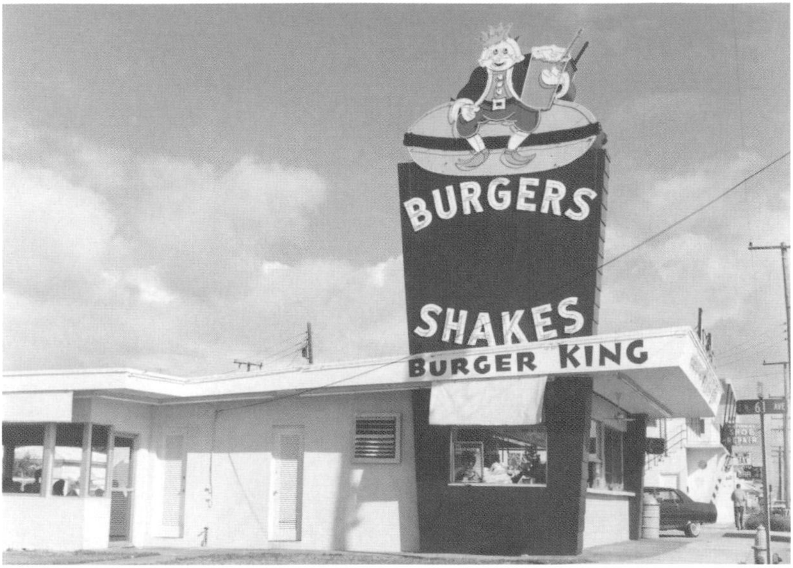

♦ 第六十一街的經典漢堡王以及著名的「麵包上的國王」。

♦ 吉姆和第一位加盟者，查理・克瑞伯斯（Charlie Krebs）。

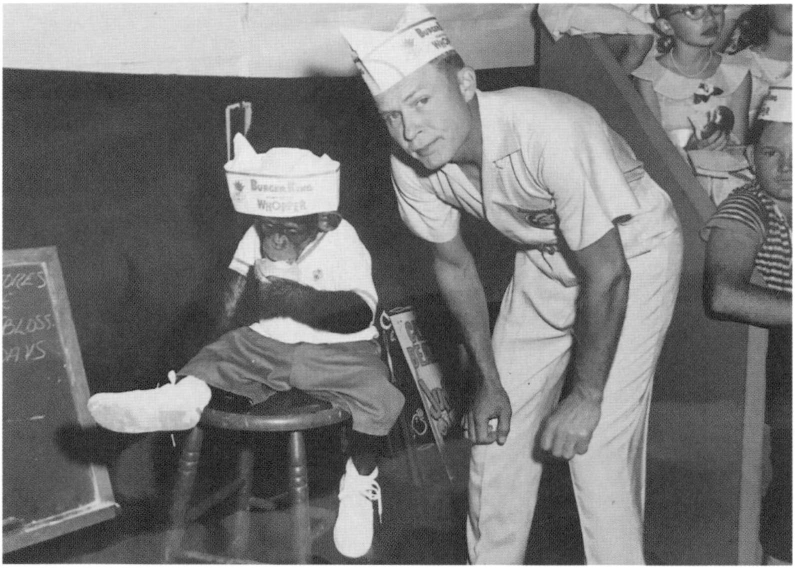

♦ 和《吉姆杜利秀》(Jim Dooley Show)以及黑猩猩莫克先生的早期電視搭檔合作。

♦ 1961 年,吉姆、戴夫和財務長格蘭·瓊斯(Glenn Jones)正在檢視銷售業績。

♦ 1960 年代的一則漢堡王廣告。

♦ 吉姆和迪斯川物資供應站卡車。

♦ 第一家漢堡王物資供應站。

♦ 1969 年，內布拉斯加州奧馬哈，在第五百家漢堡王開幕日和吉姆・米勒合影。

♦ 吉姆把漢堡王賣給貝氏堡公司。

♦ 1993 年 9 月，當華堡售出將近一百萬個的時候，吉姆站在「售出華堡」的招牌前面。

♦ 1969 年，吉姆到日本出差，為漢堡王探索新市場，但是貝氏堡不想進入這個市場。不久後，麥當勞便前進日本了。

♦ 吉姆投資邁阿密海豚隊，看著唐．蘇拉（Don Shula）帶他們前進超級盃。

◆ 吉姆熱愛園藝，家裡有一座漂亮的花園。

◆ 一九七九年，飯店及餐廳巨頭（由左到右）：派崔克．歐馬利（坎汀公司）（Patrick O'Malley，Canteen Corp.）、拜倫．希爾頓（希爾頓飯店）（Barron Hilton，Hilton Hotels）、威拉德．馬瑞特（萬豪集團）（J. Willard Marriott，Marriott Corp.）、哈蘭．桑德斯上校（肯德基炸雞）（Col. Harland Sanders，Kentucky Fried Chicken）、吉姆．麥克拉摩（漢堡王），以及肯摩斯．威爾遜（假日酒店集團）（Kemmons Wilson，Holiday Inns）。

♦ 吉姆在漢堡王櫃檯後方。

♦ 吉姆和小布希總統會面。

♦ 吉姆·麥克拉摩在漢堡王總部。

♦ 吉姆．麥克拉摩及吉姆．亞當森。

♦ 吉姆．麥克拉摩。

♦ 吉姆和南西·麥克拉摩攝於 1994 年。

♦ 吉姆接受邁阿密大學頒發的榮譽學位，感謝他擔任董事會主席的貢獻。

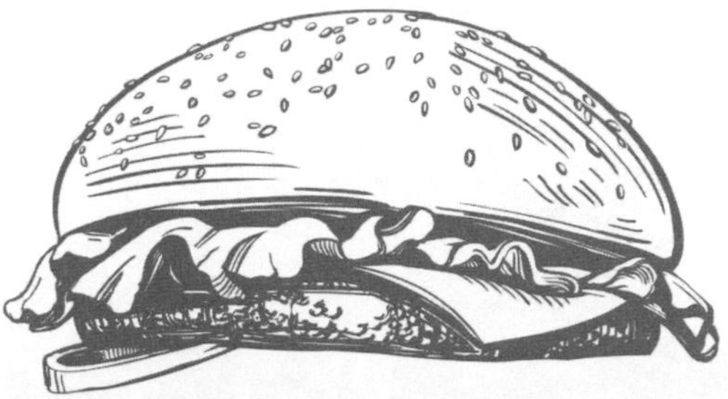

創新無懼

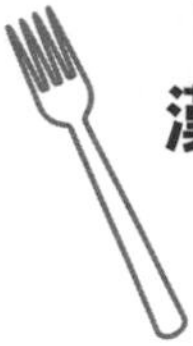

漢堡王創辦人生命與領導力的美味傳奇

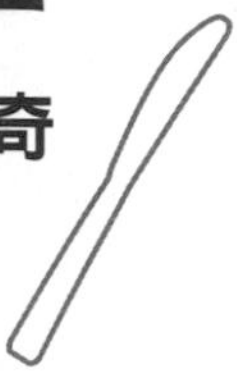

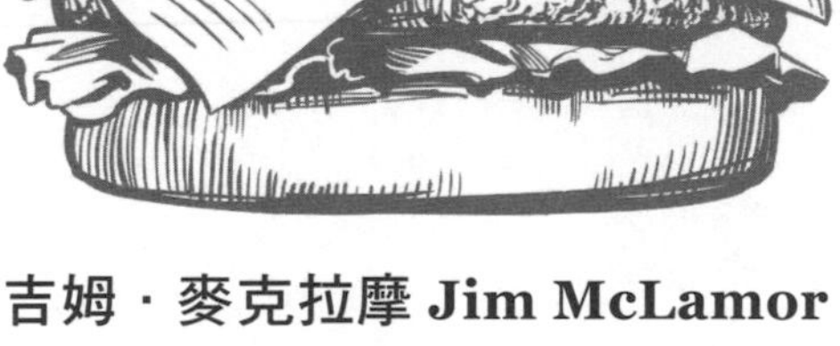

吉姆・麥克拉摩 Jim McLamor

簡秀如 譯

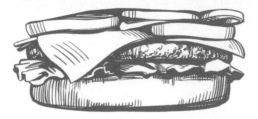

爸爸會將此書獻給他四十九年來的伴侶，南西・尼寇・麥克拉摩（Nancy Nichol McLamore）。就我的記憶所及，父親在每一場演講及特別典禮中，從來不曾忘記介紹南西。她是他的生命伴侶，並且確保他在婚姻生活中別無所求。謹以此書向她對他的奉獻致敬。

——史特林・惠特曼・麥克拉摩（Sterling Whitman McLamore）

麥克拉摩家族基金會（McLamore Family Foundation）

麥克拉摩家族基金會的成立目的在於延續詹姆士・麥克拉摩的願景，推廣對他而言重要的活動，包括教育、企業家精神、領導力、青年活動，以及文化、公民及社區服務計畫。基金會以吉姆・麥克拉摩之名捐款超過四百萬美元，以此紀念他熱愛的工作。二〇一一年，我們與漢堡王麥克拉摩基金會（Burger King McLamore Foundation）直接合作，每年提供三個五萬美元的華堡獎學金名額給他們的頂尖候選人。

本書的所有收益均捐給麥克拉摩家族基金會之慈善活動。

漢堡王麥克拉摩基金會

我們的故事始於和我們同名的漢堡王共同創辦人，詹姆士「吉姆」・W・麥克拉摩，以及他對於人人接受更高教育之重要性的信念。為了紀念吉姆，我們在二〇〇〇年創辦了漢堡王學者計畫。該計畫意在協助北美洲優異學生接受更多教育，同時也是向吉姆致敬，並且在相信這項計畫及基金會之使命的麥克拉摩家族基金會、漢堡王公司、顧客、加盟主、系統供應商及支持者的協助下持續進行。

推薦序
一段神奇又美味的旅程

黃耀忠（台灣漢堡王執行長）

無論你是原本就喜歡漢堡王，或只是隨手在書架上拿起這本書，我都想向各位分享一些漢堡王的故事。

台灣漢堡王自一九九〇年在台灣成立第一家門市以來，已伴隨台灣大眾走過超過三十個年頭。無論是經典火烤美味的漢堡，還是幽默逗趣的創意行銷手法，都讓為數眾多的顧客留下了深刻的印象。漢堡王在全球的門市也已超過一萬七千家，成為國際上數一數二的速食連鎖企業。

本書是由漢堡王的創辦人吉姆·麥克拉摩所說的一個故事。在故事中，你可以看到漢堡王從創立以來的發展，但更重要的是，吉姆在故事中闡述了許多他經營企業的觀念與原則，這些都體現在早期漢堡王的各項策略上，也塑造了漢堡王獨特的企業文化，而正是這樣的文化，造就漢堡王今日的成果。

這些原則的第一條，是勇於嘗試。一直以來，漢堡王勇於嘗試業界沒有人做過的事，例如像書中所提到的自助式服務、配送中心以及客製化的漢堡。客製化的概念在現今的餐飲業中已相當普遍，但在一九七〇年代可不是這麼一回事。在當時的其他速食店裡，你可能得等上好一陣子才能拿到你的客製化漢堡，但漢堡王可以迅速的將客製化漢堡交到顧客手上，令顧客留下深刻的印象。

除了勇於嘗試，漢堡王也不怕失敗。誰不曾失敗過呢？接受失敗，將失敗視為寶貴的經驗，才是最睿智的選擇，也才能激發更多充滿創意的新點子。一九八〇年代，漢堡王推出了許多定位不明的電視廣告，整體的行銷策略讓顧客與員工都摸不著頭緒。但這成了一個很好的反省機會，漢堡王重新思考自己的企業宗旨，建立更整體性的行銷方針。

最後一點，則是堅持。自漢堡王成立之初，吉姆就堅持提供高品質的餐點、快速的服務，以及餐廳內整潔的用餐環境，直到今天都是如此。高品質的餐點是漢堡王的根基，也是所有顧客所期待的；快速的服務與整潔的餐廳，則讓顧客感覺賓至如歸，進而一而再、再而三的造訪漢堡王。

我們將這些原則貫徹於日常的工作與溝通，也融入於我們所提供給顧客的服務中，期望能給顧客帶來舒適又充滿期待的體驗。這些原則有時候也不只適用於工作，勇於嘗試、不怕失敗，並堅持自己的目標，在生活中一樣能帶來美好的果實。

如果你也認同吉姆提到的這些原則，何不馬上與我一起加入漢堡王的故事，享受一段神奇又美味的旅程？

目錄

The Burger King

A Whopper of a Story on life and Leadership

前言

從商的吉姆．麥克拉摩是一位真正的企業家。他在事業及生活中以堅持信念的方式，依循願景打造出一個偉大的美國企業。他是和戴夫．伊格頓（Dave Edgerton）合作的最佳人選，創建了漢堡王的速食王國。吉姆是完美的執行長，無論在規劃、行政及財務方面的能力，都和經營管理專家戴夫形成出色的拍檔。兩人攜手合作，打造出當代偉大的成功故事。

本書呈現我父親大半的事業生涯。他在四十六歲那年，也就是一九七二年，從漢堡王退休，但是他的成就並未就此打住。他繼續在許多公司擔任董事會成員，並且持續實踐善行。他的哲學是回饋社區以及一路上協助驅策他的公共團體，這是他對麥克拉摩家族基金會最大的期望之一。在他的生命接近尾聲時，加盟團體、漢堡王公司、戴夫．伊格頓以及全家人正好都齊聚一堂，為了父親協助贊助邁阿密大學的詹姆士麥克拉摩高階管理教育訓練中心而向他致敬。當我們對他獻上這份榮耀時，我們也宣布創立漢堡王麥克拉摩基金會，以支持全美各地的教育。他深感榮耀，也感到謙卑。

父親最偉大的才能是做生意的溫和手法。無論你是工作人員、經理、加盟主或公司主管，他都以尊重的態度對待，並且迫切想得知更多關於你的事，還有你的意見。許多早期的加盟主說過，他說話算話，而他打從一開始就是這麼做生意的。信任、忠誠、奉獻和熱情，這些都是深深銘刻在他性格裡的美德。幸運的是，他把這些特質帶到了他的慈善努力之中。身為邁阿密大學董事會主席，父親開辦了現在知名的五年四億美元募款活動，最後達成標的，籌募超過五億一千七百萬美元。家族友人以及董事會成員，恰克．寇伯（Chuck Cobb）在父親的追思會上說：「吉姆都是從那些募款者聽到他要求的金額時，倒抽的那口氣有多大來判斷自己的募款能力。」

有篇在父親過世後所寫的文章，稱他為「園藝大師」，有能力栽培人們和植物。他擁有這兩種才能，不過最廣為人知的是他在家裡的熱帶花園。在安德魯颶風肆虐後，父親把他的園藝興趣帶到了費爾柴爾熱帶花園（Fairchild Tropical Garden）。身為新當選的花園董事會主席，他非常驕傲地向震驚的董事會宣布一項五百萬美元募款計畫時，補充說明他已經籌募到一百五十萬美元了。

別人不斷提醒我們，父親有多麼鼓舞人心，以及他們覺得何其有幸能認識他。在我們大家的眼中，他是英雄，而且將受到緬懷。

——史特林．惠特曼．麥克拉摩

序

我們在一個全球市場競爭，對於勞動成本所能掌握的部分並不多，工作和生產出走，到世界各地尋求更多有利的經濟優勢。不管喜歡與否，美國企業正在積極瘦身，繼續嘗試變得更精簡、更具競爭力。工作不再神聖，而且幸運的是，長期員工的企業忠誠度在企業主管的心中變得沒那麼重要了。競爭效率是現代企業家關切的主要議題，「餓狼」是口令標語，求生直覺是決定企業策略的驅動力。在這座迷宮之中，人是可犧牲的。當企業世界競爭變得更激烈，員工也會被要求這麼做。假如他們選擇不要，便會冒著失去工作的風險，由要求低的員工接手。

聽起來相當殘酷，對吧？這個嘛，也不盡然。在企業縮編的年代裡，公司被迫採取效率提升的外包以及具競爭力的勞動價格，兩者都很棒。首先，即使面對著調降價格的壓力，企業獲利仍將提高，這會帶給金融市場更大的信心，也是漢堡王帝國成功的關鍵原則。

現在我們在許多領域都擁有龐大的經濟優勢，包括高科技、太空任務、通訊、飛機製造，以及許多其他的活動。世界需求會增加，這有益於經濟，但是來自全球市場的競爭威脅會令我們感到有如芒刺在背。公司會因為各種原因而倒閉，但是失敗會發生，主要是因為：一、他們過度舉債，無法支付債務利息；二、他們的市場產生變化，無法因應這種改變；三、他們沒有專為提供客戶價值而設計的工作策略；四、他們有缺乏領導力而平凡無奇的勞動力。

第二項好處涉及大量不同商業及新產業的未來資訊。各種年紀的員工應該對已經展開的發展保持敏感度。這些發展為他們指出機會之窗，而且它就在不遠處。「前景無望」的預測是一派胡言。

別忘了，商業噴射機時期直到一九六〇年代才開始；一九五〇年代之前，沒人聽過廣播，汽車旅館和速食根本不存在；一九六九年，尼爾．阿姆斯壯在月球漫步，太空時代露出曙光。想像在那個年代的背景提出這些問題：什麼是電腦？軟體是什麼意思？你能說明類比、數位、串流和ＤＶＤ嗎？你說心臟移植、光纖電纜、衛星進入軌道、沃瑪爾，或核子是什麼意思？什麼是手機？跨州公路系統？重點是，新的商業機會持續開放，而且會繼續以不斷增長的速度發展。機會存在於每個角落。

假如我是現代的年輕人，我會非常謹慎使用信用卡。我認為太多美國人背負了太多的債，但很少人認真思考儲蓄、預算支出，或是規劃退休。煩惱的種子就在那裡：忽然失去收入會嚴重瓦解人的生活。我們的社會依賴債務的程度，在世界名列首位。許多個人的絕境只要利用更好的觀念及規劃，其實是可以避免的。

共同點是什麼呢？準備與計畫。熟悉現況，這樣你才會有足夠的了解，辨識出現在眼前的機會，當時機來到時才能把握住，並有能力避開偽裝成解決方案的陷阱。

這本書是寫在各個層面都充滿改變的時期，而且那些改變經常是以令人措手不及的節奏出現。本書不僅將回想許多我做過的愚蠢決定（而且這種決定還不少），同時也召喚我認識的一些人以及學到的那些教訓，好壞兼具。

這本書是我的人生故事，包含在事業及個人方面的成功與失敗。我是如何擁抱創新及改變？我又如何看清機會，將乍現的靈光培養成全世界辨識度最高也最值得信賴的品牌？

我在漢堡王的成就十分獨特，因為我在其他人都失敗的地方成功了。我們有許多人都跳進了速食餐廳的新市場，但是只有少數人能成功地全身而退。我找出在我的成功之中大部分的關鍵，無論是在努力工作以及和對的人合作方面，特別是戴夫·伊格頓，還有協助漢堡王如此快速成長的優秀加盟主。我希望將這些記錄下來，讓其他人能從我的錯誤及成就中學習，讓他們的努力也能獲得成功。

——吉姆·麥克拉摩　一九九六年

第一章

早期生活

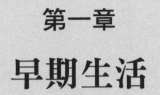

決定一個人的特質、態度、舉止和價值觀的主要因素是什麼呢？這是一個尚未有定論的問題。不過根據我的看法，兒童的早期發展和這部分有莫大的關聯，我敢說個人特質在小孩成為青少年之前早已形成。人的一生是在童年時期就建立起優先順序、決定價值觀，以及打造個人的心態。我在十歲時，對於自己認為重要的事物，包括我的家庭，已經發展出相當的概念。他們的影響以及對我的教導指引了我。

三歲喪母、二十一歲喪父的我，很早就明白了父母的愛及指引的重要性。和家人共度的那些年塑造了我的許多面向，並且在我的生命中灌輸了一種使命感。我並不是說，這讓我免於在日後犯下一大堆愚蠢的錯誤，而且其中有許多都是發生在我的職場生涯中。

我在一九二六年出生於紐約市。我的父親湯瑪士・米爾頓・麥克拉摩（Thomas Milton McLamore）在一八八九年七月五日出生於德州。他來自一個貧窮的家庭，最後落腳在路易斯安那州。我不太記得我母親。她叫做瑪麗安・佛洛伊德・惠特曼（Marian Floyd Whitman），是家中的獨生女，生活優渥無虞。她認識了我父親，一名帥氣的美國陸軍中尉，剛從法國服役歸國。他認識了她之後墜入情網，不久後便開口求婚，兩人在一九二三年四月三十日結婚。

一九二六年之前，美國經濟情勢大好，國家快速成長，惠特曼家族事業成功，讓他們過著奢華的生活。惠特曼爺爺買下了位於紐約中央谷的家族農場艾吉丘，而這座農場成了惠特曼家族的生活重心。

我出生之後，爸媽在新澤西州蒙特克來爾（Montclair）置產後搬了過去，可以輕鬆通勤到紐約市。我的姊姊克萊兒在一九二四年二月三日誕生，我在一九二六年五月三十日來到這世上報到，而弟弟大衛則是出生於一九二八年二月十八日。我們住在蒙特克來爾的家，直到發生了日益嚴重的全國經濟危機，最終導致一九二九年十月的股市大崩盤。這起事件可說是徹底摧毀了家族財富，而且對我父母、外祖父母及許多美國人的生活型態都造成了劇烈的改變。在短短幾週內，股價重跌百分之四十以上，帶來了全美有史以來最惡劣的經濟災難：經濟大蕭條。

我的祖父詹姆士·史普爾·惠特曼（James Spurr Whitman），在那個狂亂的一九二九年，以七十六歲高齡與世長辭。我很確定一九二九年的股市大崩盤要為他的死負起絕大部分的責任，因為家族財富就這麼消失無蹤了。當他意識到這種損失，對他來說想必難以承受。

家族迅速賣掉了紐約市的住宅以及位於蒙特克來爾的家，搬遷到艾吉丘。經濟大蕭條的驚嚇以及家族財富的損失，對母親造成了可怕的影響；在弟弟大衛出生不久後，她被送進了療養院。我從此未再見過她，而她在一九三三年過世了。惠特曼家族失去了財富之後，我父親也在大蕭條加劇之際丟了工作。那是一段艱難的日子。

我對艾吉丘培養出深厚的感情，那是我年幼時期唯一知道的家。不過在一九三三年的夏天，乾草倉庫發生火災，雖然牲畜得救，但艾吉丘已不再是一座工作農場了。可是，逃過火神的魔掌，卻逃不過大蕭條掀起的風浪。

為了使得收支平衡，祖母開始賣掉她最珍貴的所有物品，包括她的銀器、瓷器、家具和珠寶。她也不得不將兩百英畝的艾吉丘農場一半出售給康乃爾家的人。即使我當時還小，也看得出來情況不一樣了。在這一切的過程中，祖母是穩定的力量。她從未流露出正在經歷艱難的時光，或者是無法維護這個家的疑慮。

我的這位可敬的祖母，以驚人的毅力從容應對每一次打擊，帶領家人前進。一九二九年，她六十五歲。醫生警告她的心臟不好，應該當心不要太過操勞。父親在銀行工作，需要每週日晚上搭火車去紐約，週五下班後再回來。這意味著祖母要扮演母親以及兼職父親的角色，而她相當稱職。

我在一九三一年九月，滿五歲之後的幾個月，開始去上學。在學校裡，班上都是比我年紀大了一歲以上的學生。我想當班上最厲害的學生或運動員，但是在我的整個求學過程中，一直都存在著年齡的差距，因此這項挑戰也就更困難了。

在中央谷公立學校就讀的八年期間，我獲得在城鎮活動及各式學生聚會之中公開演說的經驗。在某一次的場合，我在鎮上的露台上朗誦〈喔，船長，我的船長〉。我相當緊張，但是我把這首詩背得滾瓜爛熟。當時我才十一歲，但是我記得那個場合。後來我漸漸明白，公開演說是一種天分，能促進發展其他的溝通技能。這對於希望在商業世界有所成就的人而言，具有相當的價值。

現在回頭看，我逐漸產生一股想在生活中功成名就的迫切感。當然了，我根本不知道那需要什麼條件，但是我滿懷抱負，對自己的成功機會感到相當有信心。我對人有一種出自本能的喜愛，我希望別人也能喜歡我。我喜歡社交又外向，而且總是主動和人接觸、結交朋友。我也有強烈的競爭動力，我不只想當一個好學生，也希望能擅長運動。我參加運動賽事不只是為了參與而已，重要的是贏得比賽，或者是成為獲勝隊伍的一員。

大約在這段期間，祖母堅持她的三個孫子女應該盡可能接受良好教育。她要我們就讀在中央谷之外的中學，並且開始尋找寄宿學校，提供接受大學教育的跳板。一九三七年，她找到了完美的答案。她決定讓克萊兒就讀位在麻薩諸塞州的諾斯非神學院，和我過兩年會去念的赫蒙山男校是姊妹校。然後祖母開始賣掉她的個人資產，取得我們念書需要的費用。

後來悲劇降臨，祖母遭遇嚴重的心臟病發作，於一九三八年溘逝。這對我們所有人都是一記重大的打擊，但是對十一歲的我來說，這絕對令人萬分難受。現在只剩下父親，我知道我會越來越需要靠自己了。我學到信心來自正直及公平處理，並且能得到誠實與成績作為回報。

父親曾經是老師、中學校長及大學畢業生，很清楚接受好教育的優勢。他希望我能擁有最好的教育。一九三九年九月初，父親開車載我去北麻薩諸塞州的赫蒙山學校。我們進行這趟旅程時，正好是二次大戰初，德國入侵波蘭之際。後來證明了這兩件事對於決定我的未來都佔了舉足輕重的地位。

不幸的是，離家之後的前幾週對我來說很難熬。

父親不得不回學校一趟，跟我好好地談。最後他看著我說：「吉姆，我不會帶你回家。你要留在這裡，堅強面對，所以你最好做好準備。」我知道看見我的情緒這麼低落，他的心都碎了。他告訴我，我來赫蒙山是對的。我別無他法，只有勉強自己振作起來，繼續前進。

接下來的幾天，我逐漸走出了沮喪的惡劣低潮，轉而陷入了學校活動的興奮刺激。我全心投入運動、課程、學習、認識其他男孩、結交新朋友、吃美食，總體來說享受我的新家。我開始把赫蒙山視為我的第二個家，這有助於觸發我從來不知道的某種獨立及自立的感受。這種新發現的自信以及學習和成長的機會，為我的第一年帶來啟發及鼓舞。

一九四〇年九月回到赫蒙山時，我滿懷期待，也很開心能回來。我被分派到西廳的廚房工作，在餐廳替六百位男學生及教職員工準備餐點是我首次的餐飲服務經驗，而且我記得自己很享受這段過程。

一九四二年五月，我被推選擔任接下來的高三年級代表。我也計畫繼續念大學，然而戰爭持續進行，我很有可能要去當兵。高三的學生要接受性向測驗，讓學校的輔導老師能幫忙決定學生最適合的就業道路，以及最適合就讀的大學。

我的測驗結果揭曉了。我得到的建議是追求和銷售或行銷有關的商業職場。我喜歡人群，而且相信自己在赫蒙山的經歷培養出了某些有價值的人際互動技能，和這條職業道路正好吻合。我對於書寫十九世紀相關的書籍很感興趣，許多早期及龐大的美國財富都是在那段時期打造的。那些白手起家的故事，在大蕭條及一九四〇年代很受歡迎，我喜歡讀這些書，以及書中描述的成功故事。關於范登堡（Vanderbilt）、阿斯特（Astor）、傑伊・古爾德（Jay Gould）、愛德華・亨利・哈里曼（E.H. Harriman）、詹姆士・希爾（James J. Hill）、洛克菲勒（Rockefeller）與佛萊格勒（Flagler）的故事令我深深著迷。我特別感興趣的是關於華爾街、金融、打造鐵路及大型工業公司的書籍。我想更了解「強盜大亨」，以及更多由包括約翰・皮爾・摩根（J.P. Morgan）、亨利・福特（Henry Ford）、安德魯・卡內基（Andrew Carnegie）及其他人所打造的龐大財富。答案就在書裡頭，我看了一本又一本。

離開赫蒙山、進入大學之後，我的職場目標是為自己打造成功的商界事業，希望能在過程中致富。有些人會說，賺很多錢的人或許有些問題。有些人相信，人變得有錢時，都是靠犧牲他人才走到這一步。當然了，這些和事實根本天差地遠，不過你很難說服每一個人。

不幸的事實是，世上有太多貪婪又不誠實的生意人會利用情勢，讓大眾付出代價而使自己獲利。在民主自由的社會裡，無法有效又徹底地控制這種事情。

我依然相信，追求事業成功及通常隨之而來的財富累積，是一種值得尊敬的個人目標；處理新獲得的財富則完全是另一回事。當財富累積變成了執念及目的，可能會造成傷害，通常導致個人的不幸，並且失去有意義的價值觀。問題通常始於建立了錯誤的優先順序，把焦點放在自身，而不是去參與有助於豐富他人生命的活動。

我特別幸運，甚至早在青少年時期便在我的長期目標中擁有那部分。我需要找到一所我負擔得起的大學，提供的教育能協助我開創自己的商場事業。我選了康乃爾大學，詢問他們在商業訓練方面提供些什麼，得知康乃爾唯一提供商業課程的學院是飯店管理學院。我申請入學許可，而他們接受了我的申請。

在赫蒙山的畢業典禮上，我以年級代表的身分致詞，一百四十九位朋友及同學領取證書。

那是一個年代的結束，卻是另一個年代的開始。我伸手去抓梯子的下一根橫桿，而且我的心中有個清楚的目的地。

第二章

康乃爾及海軍

在二戰期間，大多數的大學，包括康乃爾在內，都採取每年三學期的學制，以便加速完成教育過程。我以為自己會等到一九四四年左右才會接受徵召，因此在那之前，大學教育在我的優先順序中排名第一。

我有十天的時間要前往伊薩卡、找工作，並且到大學註冊。我根本不知道要如何籌到學費。康乃爾大學一學期的學費只要兩百美元，但是我需要先繳錢才能選課。

我抵達之後，有人介紹我認識紐約農業學院植物病理學系系主任賀伯特・惠索（Herbert H. Whetzel）教授。多年來，惠索教授收留了許多學生在他家打工，照顧他的花園。這個方法讓學生能賺錢換取食宿，而且希望能攢到足夠的額外收入來繳納學費及雜費。

教授知道我想找換取食宿的機會，而且當我告訴他，自己在農場長大之後，引起了他的興趣。他問了我一大堆問題，我確定我差強人意的回答多少導致他給了我這份工作的機會。他只是面對著我說：「孩子，我想就是你了！」

教授住在一棟簡樸的屋子，距離康乃爾校園以及飯店學院非常近。我很熱切能有機會成為康乃爾的一員，但是還有一件更重要的事情尚待解決。教授向我提出關鍵問題，詢問我要如何支付學費。我把手伸進口袋裡，把身上所有的錢都放在前廊最上方的階梯。我們一起數，結果一共是美金十一元又三十四分。

他轉頭看著我說：「我說，孩子，我不是指你的零用錢，我是說你有多少錢能繳學費。你知道的，不是嗎，再過幾天就要交了？」

我回答說：「嗯，我全部的錢就是這些了，惠索教授。」

他看起來生氣了，對這回答感到不耐煩。「嗯，這樣嘛，你要從哪裡籌到學費呢？你家裡能給你多少？」

「我父親沒有半毛錢。」

他顯得更生氣了，並且說：「我的天哪，小子，你指望怎麼就讀這所大學呢？」

「有人告訴我，你接受申請的學生可以半工半讀完成學業，所以我以為你會想辦法幫我。」

他不敢相信我大老遠來到伊薩卡，對於學費的事卻沒有做任何安排。

然而，這使得教授開始動腦筋了。「這樣嘛，我認識飯店學院的院長米克教授（Meek）。我要跟他談談獎學金的可能性，明天我會把你介紹給大學的財務主任愛德華．葛蘭姆（Edward Graham），我們可以跟他談談是否能申請學貸。」隔天，米克教授說，他認為他能幫我向美國飯店協會申請五十美元的獎學金，而葛蘭姆先生代表大學同意讓我取得一百美元的學生貸款。另外還差五十美元則是由惠索教授借給我的，我因此得到了所需的學費和必要的起步。

在週六及週日，我每天在屋子和花園裡工作十到十二小時。我翻攪過濾堆肥，把堆肥填入花圃裡，給院子除草以及修剪草坪。教授熱愛他的花園，經常和我並肩工作。他深具感染性的熱忱打動了我，我對於學習如何栽種及照顧他視為驕傲及喜悅的各種植物、蔬菜及水果，逐漸培養出深切的興趣。

在他的花園裡工作的那幾個月，引發了我對園藝學的興趣。雖然我在當時並未領悟到這點，但是園藝成了我此後餘生全心投入的嗜好。

在一九四三年，我無從得知餐旅業會成為多麼龐大的產業，當時的我正站在這項產業成長的路上。一九四三年，我抵達康乃爾的那年，根據美國商務部的統計，餐飲銷售的總金額僅為七十二億美元；到了一九九五年則超過了二千二百五十億美元。當年的我根本不可能想像，我在日後共同創立的公司會驕傲地報告，我們在全世界五十九個國家一共開設了八千多家餐廳，整個系統的銷售額超過了八十億美元。到了二〇一八年，我們已經成長到分布在一百個國家裡、超過一萬六千家的餐廳。我非常幸運，接受了優秀的教育，並且在一個不久後便呈現爆炸性成長的產業裡頭，接受了正式的訓練。一九四〇年代初期，二次大戰正在進行中，設施擴建及新成長依舊是不可能的事，直到戰後時期才逐漸開始。

到了一九四四年六月，我完成了三學期的課程，也就是說我的大二已經念完一半了。我在五月份就滿十八歲，知道自己不久後便會受到徵召入伍，於是我開始思考加入美國海軍。從我在一九四三年六月抵達康乃爾到一九四四年六月的期間，我努力工作，當了一年的勤奮學生。我不只在惠索教授家辛苦工作，另外也接了其他差事，以便多賺點錢來清償我的債務，同時存點錢以支付各項雜費。在那段期間，金錢向來都是個問題。

到了一九四四年六月，我感到累了。我在這十二個月以來持續上課，不曾休息。額外工作剝奪了我的睡眠時間，週末在花園及屋內的工作更增添了壓力。除此之外，還有徵召入伍的不確定性。雖然不知道會是什麼時候，但是我知道就快了。

到了這時候，戰爭的步調變得熾熱激烈，不過情勢絕對對我們有利。數萬名像我一樣的十八歲年輕人要不是受到徵召，要不就是自願加入軍隊。

我加入了 Phi Delta Theta 兄弟會，令惠普教授感到失望，他不認為我有時間和精神這麼做。他在這件事的看法可能是對的，但是兄弟會的經驗確實對我的大學生活有貢獻，而且我享受隨之而來的朋友和情誼。

惠索教授堅持我記下詳細又準確的工作時數、我賺取的收入，以及我的開支。他堅持我要把賺的錢減去花費，為口袋裡的錢進行對帳。這是我們每個月開會的例行公事之一，我們會算清我賺取的收入，再減去我的食宿費用。在我剛搬進教授的家時，他給了我一本帳簿，堅持我要把這些資料全部記錄下來。

我帶著複雜的情緒，決定在一九四四年六月離開康乃爾。我打算加入海軍，並且把我的計畫告訴惠索一家。他們似乎能體諒。當最後的日子來到時，我說了最後一句再見，提起打包的行李，走出大門。後來我加入美國海空軍部隊。這個服役兵種在宣導影片中大放異彩，對於像我這種青少年來說，擁有莫名的浪漫吸引力！我必須等好幾個月才受到徵召。

在一九四四年夏末秋初的這段過渡期，我決定在飯店業取得一些實務經驗。我需要這麼做，才能從康乃爾畢業。我在紐約市的阿斯特飯店（Hotel Astor）找到工作，位於時代廣場前的阿斯特酒吧是休假的軍人在紐約市最愛的聚會地點。我的工作是坐在調酒師後面，在他們端上飲料時，由我負責收錢。阿斯特飯店的經理是米克教授的朋友，也是康乃爾飯店學院的一大支持者。飯店的特色是著名的阿斯特屋頂花園，在戰火延綿的那些年，有些大樂團會在那裡演出。到了晚上，那裡通常擠滿了在這座大城市裡休假的軍人、水手以及海軍陸戰隊成員。紐約大飯店的許多知名舞廳都找來大樂團表演，當作賣點。葛蘭·米勒樂團（Glenn Miller Orchestra）經常在費城飯店的紅色咖啡屋（Café Rouge）演出；一九四〇年，湯米·杜西（Tommy Dorsey）介紹了一位年輕的歌手，法蘭克·辛納屈（Frank Sinatra）。

我記得那些深夜的美好時光，躺在床上聆聽流瀉到大街小巷的美妙爵士樂。在我就讀康乃爾到加入美國海軍之前的那段時間，雖然短暫卻收穫豐富。有了這些時間，阿斯特飯店的訓練結果證實非常具有教育性，而且住在紐約市的刺激讓我感受到了商業的世界。

即便我享受這段經歷，也從中獲益不少，我已準備好換上軍裝，為戰爭盡一己之力。但即使是在我迫切渴望時，也從未忘卻在商界擁有成功事業的最終目標，並且抓住機會取得經驗，開始為這個目標奠定另一層基礎。

海軍和生活一樣，不斷考驗著我們能夠承受多少生理及心理壓力，以及如何回應紀律和服從命令。

我們的連是由兩個排組成，而我是其中一個排的排長。身為排長，我必須確保那些命令、規則及程序能徹底執行。我的排上有三個來自布魯克林的強悍小夥子，他們決定要考驗我。這三個來自相近背景和社區的人結為好友，三人都比我大一、兩歲，隨著日子一天天過去，他們在挑戰我的權威方面變本加厲。一場衝突是免不了的，當它來到時，我必須採取行動，否則會有失去控制的危險。

海軍對於解決紛爭的程序是到訓練大廳碰面，以我們認為適合的任何方式解決問題。一般的假定是萬一事情走到這個地步，會有一場架好打。在「搗亂」之後，我告訴三人小組的帶頭者和我碰頭，並且帶上他的兩個兄弟。我會帶另一位排長，大塊頭的愛爾蘭人卡拉漢，不過我會自己解決問題。那三個來自布魯克林的小子從沒現身，而且在那之後也沒再找過我任何麻煩了。事實上，從那之後，他們變得非常熱誠又討喜。這次的經歷讓我更加深信為原則挺身而出的價值，我必須讓別人知道，身為領導者，我做好了堅持原則的準備。在那次的事件之後，再也沒有人挑戰我了。

在短短的幾個月之內，我收到命令，在一九四五年六月向康乃爾大學的預備軍官訓練團報到。這真是太幸運了。大學的訓練要求我修了許多關於海軍戰略、海軍科學及航海課程，但是他們允許我選擇我想要的額外課程，因此我大部分都選修飯店管理學院的課。這真的讓我得以喘息，因為海軍替我的進修支付了部分學費。

當我回到康乃爾，被分配到兄弟會之家的一間六人房宿舍。在戰爭開始之後，海軍便接管了這處地方。一位名叫法蘭西斯．薩維爾．弗萊明（Francis Xavier Fleming）的海軍老兵已經從匹茲堡先佔用了下鋪。去年秋天，法蘭西斯替康乃爾打橄欖球，而且是隊上較優秀的球員之一。我決定和我的新朋友參加選拔，看我是否也能加入球隊。

我嘗試四分衛的位置，表現並不特別出色，主要是因為一線四分衛是一位叫做艾爾・戴克德柏恩（Al Dekdebrun）的全美隊候選人。我進了球隊，打了幾場賽事，但是從來沒有什麼好成績。那很好玩，也值得一試，但是我開始明白，成為出色球員需要的不只是天生的運動細胞，還要有熱情及強度才能發揮你的天分。我沒有那份熱情，也沒有成為運動員的那份投入。

在這之中可以學到簡單的一課，幾年之後，我把它帶進了商業的世界：不要接受一個以成功為主要目標的任務，除非你對於取得成功懷抱熱情。熱情是建立生活中成功模式的關鍵要素，它是靈感及創意的來源，建立一個人的內在決心、希望及抱負。少了熱情便難以建立實際可行的目標，並且作出計畫來完成。我在康乃爾的橄欖球場上，第一次粗淺體驗到了這一課。

我自認是熱情、甚至是熱血又獨立的人，只因為我知道那不僅是成為一名領導者、也是走上成功之路不可少的一部分。我知道有很多人缺乏這種專注力，他們大多數都不曾達到自己可能擁有的成功程度。我在運動方面沒有足夠的熱情來將自己提升到那個程度，不過我當時立誓我絕不會重蹈覆轍。

秋冬學期在十一月開始，許多平民百姓和剛退伍的男女軍職人員也都回來了。我在夏初時節抵達康乃爾校園，加入了一個叫做「精神與傳統委員會」的學生管理組織。那年夏天，許多委員會的成員都回來了，包括一位非常迷人的邁阿密女孩，南西・尼寇。

當時的我並不知道，這位非常樂觀又友善的金髮美女有一天會成為我的妻子。她很好相處、平易近人。接下來的幾週，我們經常約會，一起度過美好的時光。當時我們倆都是十九歲，不過我對未來已經有了一些認真的想法。

當聖誕節的腳步接近時，南西問我假期打算做些什麼。我告訴她我不知道。南西建議我去邁阿密，和她與她的家人共度佳節。這項邀約出乎我的意料之外，我記得自己問了她，對於一個素未謀面的陌生人去家裡過節，她的母親會怎麼想。她的回答是：「我不知道，不過我們來打電話給她吧。」然後就這樣，她走到電話旁，打回家裡。南西的母親尼寇太太說，他們家人很高興邀我過去，和他們共度幾天的時光。

問題是要怎麼去邁阿密。雖然戰爭已經結束了，交通運輸依然困難，往來不便。要買到火車票幾乎是不可能的事，但是我並不太擔心，因為反正也買不起。我唯一的選擇是搭便車。

在十二月的一個寒冷又下雪的日子，我往南走的路上搭的便車於夜深時分在維吉尼亞州彼得斯堡放我下車。當時大雪紛飛，因此我決定站在街燈底下，讓別人看得見我。在那麼深的夜裡，街上的車輛寥寥無幾，大雪不斷落在路面，掩蓋了少許的輪胎壓痕。這時有一部標示著「計程車」的汽車開過來，裡面有個快活的聲音說：「上車吧，水手。」我說：「先生，我想我要去的地方比你的計程車要跑得遠很多，我認為我最好待在這盞路燈底下，別人才看得見我。」他回答：「這個嘛，孩子，假如南卡羅來納州查理頓有幫助的話。那是我要去的下一站，我很樂意載你過去。」我立刻跳上車。

另一趟便車把我載到了聖奧古斯丁，那裡的天氣晴朗、溫暖又宜人。那位駕駛拖著一艘船，在我們的聊天過程中，我問駕駛我是否能上船，在往南的路上來個日光浴。他很樂意這麼做，並且在路邊停了車，讓我能爬上那艘船。我躺在開放式駕駛艙，想像我是一個有大把空閒時間的人，享受著溫暖的佛羅里達天氣、藍色海洋，以及美不勝收的佛州風景。我感覺像個國王。這是我想要享有的生活，而且在當下便決心要擁有它。

我再次見到南西真是開心不已，她的母親及父親親切地歡迎我來到他們家。南西負責帶我們倆去參加一大堆活動。我們參加了派對、舞會、航海、認識南西的朋友，還有開車跑遍這座城市。我很快就說服自己，邁阿密是我畢業後想住下來的地方。我當下的印象是南佛羅里達絕對是個夢幻天堂，它讓我想到溫暖的天氣、宜人的微風、乾淨的白色建築、棕櫚樹、閃爍的水面，還有機會。世上沒有任何一個地方能和我新發現的熱帶天堂相比。

我做出了另一個重大結論，也就是南西是我想共度餘生的那個女孩。一九四六年五月，我在康乃爾念完了那個學期，接獲命令要我到長島利都灘的美國海軍復員中心報到。我不能立刻回去康乃爾，我需要先找份工作，完成飯店學院的要求取得「實習學分」，也就是實際的工作經驗。

我在康乃狄克州一家叫做黃楊木莊園的鄉間小旅館接下一份工作，擔任全能雜工／櫃檯人員。我非常希望南西能過來看我，共度幾天美好時光，但是這讓我領悟到分開有多困難。我們討論過許多次結婚的可能性，不過我們那麼年輕，身上既沒錢，眼前也沒有穩定的工作，因此這個念頭幾乎不可能實現，至少在當時是如此。

一九四六年秋天，我回到邁阿密，在好萊塢海灘飯店接下一份工作。我打給南西的父親尼寇醫生，他們就住在離邁阿密市中心幾個街區的地方。當我抵達時，尼寇醫生正在後院吃午飯，同時閱讀並享受日光浴。

我告訴尼寇，我愛上南西，而且打算娶她。我說我希望得到他的許可，同意這門婚事。他可能也料到了，眼睛閃爍一絲光芒，問我打算如何供給「她已經習慣的」生活。我給了一個不太令人放心的答案，我們的對話也大約僅止於此。

過了幾個月，我們才正式訂婚。我姊姊克萊兒感受到南西和我對結婚是認真的，於是把父親給母親的訂婚戒指給了我。那是一只一克拉的金絲雀黃鑽，周圍鑲飾著綠金。祖母把戒指放在封了口的信封裡，上面寫著「送給吉米的新娘」。克萊兒知道我有多窮，並且看出我有多迫切需要一只訂婚戒指，於是把它給了我，讓我能在一九四六年的十二月把它送給南西。當然了，南西萬分驚喜，那只戒指成了她最驕傲的所有物。

後來她把那只戒指給了我們的兒子惠特（Whit），送給他未來的新娘蘿倫·布萊安（Lauren Bryant）。蘿倫把它給了他們的兒子詹姆士（James），再由他送給了他的新娘可琳娜·克拉弗（Corina Clavo）。就這樣，這項傳統延續了下去。

一九四七年，我回到康乃爾不久後，父親便過世了。於是我出售艾吉丘。那片產業的淨利寥寥無幾，也就是說克萊兒、大衛和我沒剩多少錢好分。

除了南西，我一無所有。沒人能像南西那樣為我的生命填滿樂觀、幸福與信心。在我需要身邊有人提醒我，生命可以是美好、有價值及希望的時候，南西像是一股強大又清新的春天氣息，翩然來到我的身旁。南西是那種會以正向又樂觀的態度看待生命的人，我從不知道她有低落或沮喪的時候，也沒見過她沉溺在負面的思緒裡。她的生命任務似乎總是在所到之處散播歡樂與幸福，並且始終如一。

即便在我還沒拿到學位時，我已經確定我想結婚了。儘管處境艱難，南西和我決定要撐過去。一九四七年四月二十七日，我們在紐約市古老的三一教堂結婚。那是一個小型的家庭婚禮，有南西和我的家人參加，還有幾位摯友出席。

有時候，你永遠找不到「對的」時機去承接生命中的新角色、責任或改變，關鍵在於擁抱你的熱情。和南西結婚，就算是在前途未卜的時候，是這輩子發生在我身上最棒的事情。

第三章

YMCA & 殖民餐廳

二戰之後，美國經濟及勞動力逐漸擴展，公司成長繁榮，新僱員假定自己取得了終身工作。美國經濟蓬勃之際，歐洲及亞洲在由一場可怕的破壞性戰爭導致幾近徹底毀滅之中，迫切地試圖重建一切。

就在結婚之後，我個人開始感受到這種情況。當時南西和我的財務狀況很差，我的岳父尼寇醫生給了我們三百美元，還有一輛一九四一年份的克萊斯勒汽車。他替南西付清康乃爾春季學期的食宿費用，這很有幫助。我能打零工賺點錢，但是沒辦法存到什麼。要是賣掉農場會有任何獲利，那也要等上一陣子。

這當然是一段要勒緊褲帶的時期，不過情況會好轉。我很確定這點。我早有心理準備，我在商業世界的未來會充滿艱困時期。我感覺為了在生命中出人頭地，最好是找出辦法來應付意外的逆境及失望。我已經面對生命中的第一個困境：我娶了妻子，身上沒錢，還在念大學繳學費，沒工作也沒有找到工作的指望，而且我面對著貧瘠的工作市場，數百萬回鄉的軍人都參與了這場競爭。

我在規劃方面顯然做得很糟糕，我決心在未來要多加改進。

我相信成功的基本原則之一是規劃。就個人及商業計畫來說，一開頭要準備預算、列出資產與負債、預定收入及支出。我感到意外的是，人們很少想到要簡單列出這些數字，但是少了這部分，在支出和資源利用方面就沒有多少紀律了。簡言之，這根本沒有計畫可言。

在我的一生中，我讓自己四度瀕臨破產。現在回頭看，我發現自己輕率、魯莽，而且經常犯了驟下結論的錯。

對於現在起步的年輕人，我的建議是對數字要十分熟悉又應付自如，學會如何運用它們。打從一九五四年起，我們在漢堡王企業便採取這種方式了。這家公司讓各行各業的人經歷了大多數人前所未有的商務體驗，我們設法教導大家金融紀律及財務規劃。然而，我見過非常聰明的人在原本應該獲得空前成功的加盟店經營失敗，只因為他們缺少了妥善規劃。

南西和我在職場上仿效許多前輩，但我們真的很擔心自己在任何地方都看不到任何有前景的機會。在一趟一無所獲的匹茲堡之旅過後，南西和我回到伊薩卡，再次面對找工作的挫折。經過數週的等待，我終於接獲令人鼓舞的回覆。我向德拉瓦州威明頓的ＹＭＣＡ投遞了履歷，現在他們在找一個人接手餐飲部主任，而我受邀前往參加面試。我很快就打包完畢。一九四七年的八月末，我從伊薩卡出發。

這份工作在我看來非常具有挑戰性，儘管月薪只有微不足道的二百六十七美元。ＹＭＣＡ經營德拉瓦規模最大的自助餐廳，在主樓層有一家汽水飲料店。自助餐廳及烘焙坊的上面是好幾層樓的宴會廳，每處都配有一個升壓機廚房，由下方的主要廚房透過電梯提供服務。這個複雜場所的運作需要大約三十名員工。

我迫切想要得到這份差事。我需要工作，開始賺錢謀生。這份工作本身並不可怕，因為我知道有機會的話，我可以做得到。我想要一個機會來證明自己，而我對自己展出我有本事承擔這份重任的能力很有信心。

面試過後，我回到伊薩卡，南西迫不及待地等著我，想知道整個經過。我告訴她面試的事，形容那家自助餐廳、餐飲設施，還有我遇見的一些人，她能輕易看出我有多期待這個機會。ＹＭＣＡ的人告訴我，他們會盡快做出決定。

等待似乎永無止境，但是電話終於響起，並且提供了我迫切尋找的工作職務。對方要求我盡快報到，於是我們打包了個人物品，塞進車裡，然後出發前往威明頓。

我們抵達威明頓的二十四小時之內，有兩起事件提醒了我們倆，我們尚未脫離困境。我們的車在旅館的停車場拋錨，而且所有的家當都失竊了。接著我的下背開始劇烈疼痛，唯一能獲得舒緩的方式似乎是站在旅館房間的蓮蓬頭下方，讓高溫的熱水沖刷我的背部。等到我去報到時，我已經蓄勢待發，熱血沸騰，決心要好好表現。這是我的第一個重大機會，我全心全意要做出成績。

雖然我感到興奮不已，但我察覺到在當時，南西必定感到生活相當無趣。她正懷著我們的第一個孩子，我知道成為母親的期待必定佔據了她的心思。我一直都很欣賞她的正向精神。在我們多年來的婚姻生活之中，我從不知道有什麼事能讓南西感到沮喪。

在我抵達之後，ＹＭＣＡ威明頓自助餐廳的營運處於極糟的狀態。就算我從來不曾在自助餐廳工作過，也看得出來存貨清單完全失控，員工無精打采，缺少目標。工作人員並未聚焦在提供最高標準的食物品質，以及我認為我們應該達到的顧客滿意度。菜單缺乏創意，也沒有去研究成本、提高效率以及目標獲利能力。

舉例來說，大樓經理分配了兩大區域，供自助餐廳儲藏庫存使用。這兩個區域都堆滿了罐頭食物和紙張備品，我花了三天的時間才完成第一份存貨清單，而且就這種營運規模來說，簡直太誇張了。有些庫存是十年前的貨品，罐頭在架上爆裂開來，因為已經存放了太久，這就是糟糕的「後進先出」庫存控制過程的典型案例。我看得出來，在我走馬上任的前幾個月裡，不會需要訂購太多非易腐類的食品。

我的第一項工作是擺脫那一大堆庫存，最好的辦法是打造可口的餐點，然後盡可能低價販售。這樣一來，我能提供顧客物超所值的享受。因為這麼做，我們開始吸引新生意上門，可以快速減少庫存。在短短幾個月之內，我得以將這兩處儲藏空間歸還給大樓經理，對方不敢相信我們再也不需要這些空間了。

當我以新主任的身分來到YMCA時，我樂於得知副主任已經就任了。凱利太太是受過培訓的營養學家，一位非常得體宜人的女子，但是我覺得苦惱，因為她總是在位於自助餐廳主樓層外我們倆共用的小辦公室裡，坐在桌前辦公。

她一整天的時間大都拿來把資料記錄在帳簿裡，而我們的辦公室牆邊已經擺了三、四十本。有一天，我問她這是要做什麼用的，她說明她向來都會把我們這些年來與成本相關的供應商發票，以及購買的食品規格資訊記錄下來。她驕傲地指出她一直在公布這類資訊，而且能回溯到遠至四分之一世紀之前，YMCA在購買商品及存貨上花了多少錢。在我看來，這根本是毫無用處的資訊。她知道會計部門在支出貨款之後保存了所有發票，所以我看不出有什麼理由要再留下這些額外的數據。

我想她應該把更多時間花在廚房及供餐部分。我拿起電話，打給大樓經理，請他派一輛衣物送洗貨車過來。過了幾分鐘，他派的人來了，我請他把凱利太太的所有紀錄簿搬到車上。我拿起放在她面前的那本帳簿，放在其餘的帳本上。然後我把她的辦公桌所有抽屜都搬出來，裡面裝了鉛筆、橡皮擦、橡皮筋和迴紋針等，把這些全部倒在貨車裡的那堆帳簿上。我指示大樓經理把所有東西都扔進暖氣爐裡燒毀。這整個過程把凱利太太嚇壞了。她不敢置信地瞪著我，不過帳本已燒毀，辦公室裡除了我們兩人的辦公桌之外，什麼也沒有。

凱利太太有好幾個禮拜不跟我說話。她沒有簿記可做，我注意到她成天在廚房及烘焙坊忙個不停，也到櫃檯監督我們的食物準備及顧客服務。在短時間之內，自助餐廳的服務以及我們的食物品質逐漸開始改善了。

那起事件過了幾週之後，她終於來找我。「麥克拉摩先生，當你燒光了我的帳簿時，我真的很恨你。這二十五年來，我一直忠實地記錄那些內容。但是現在我明白你是對的。那些東西沒有真正的用處。現在我有時間去做我受訓去做的事，而且我對工作更加樂在其中了。我也很高興看到我們的生意蒸蒸日上。」

從那時起，凱利太太和我就成了最要好的朋友。事實上，她對我來說幾乎像是一位母親。我在處理那件事上毫無疑問太過唐突魯莽，但是它卻戲劇性地讓我們把焦點放在正確的議題上，消除了冗餘。

凱利太太和我專心於增加銷售及利潤，而且成績斐然，因為最後的結果是，我們在第一年的獲利勝過YMCA在過去三十年來的利潤總和。

我在YMCA的經驗讓我開始思考組織人力及發展營運系統，這似乎是打造一個獲利企業不可或缺的第一步。取得如此驚人的成績不僅令我興奮不已，我也感受到餐飲業可能會存在的其他機會。我當時年紀輕，第一份工作已經做出成績，於是我開始相信，我有能力在餐飲業有所成就。我學到賺取利潤有多好玩，還有這麼做所帶來的快樂與滿足，將會伴著我度過餘生。

我開始思考自己的現況。即使以一九四七年的標準來看，每個月二百六十七美元的薪資依然很低，而且很難想像靠著這麼微薄的收入要養家以及買房和農場。

等時間到了，南西便前往醫院，產下了一個漂亮的女嬰，我們將她取名為潘蜜拉（雖然我們向來都叫她潘）。我也想到養隻小狗會很不錯，因此我買了一隻拳師幼犬，我們取名為斑比。有了新生兒和小狗，我們在一夜之間把家裡的成員數目加倍了。

過了幾週之後，有一天南西坐在客廳的一張椅子上，潘和斑比依偎在她身旁，而我正在看報紙。我聽到一個奇怪的聲音，於是抬起頭，看見灰泥出現了一道裂縫，而且正逐漸沿著我們頭頂的天花板延伸。我抓住南西、寶寶和小狗，催促他們離開客廳，這時整個天花板就在一團塵煙之中垮了下來。我們的簡樸家具和新公寓嚴重毀損，我心想這可能是另找住處的好時機。

我看到一份廣告，在德拉瓦州紐瓦克附近，有一座五英畝的農場要出售，就在距離威明頓幾哩路的一個社區。吃過午餐後，我們開車去看那座農場。那裡有三間臥室，一座很棒的壁爐，一間大廚房，還有客廳和飯廳。它坐落在一塊五英畝的土地上，就在一片林地和一座湖旁。我們愛上了它，以九千美元買下來。這成了我們第一個真正的家，而且即便就任何標準來說，它都顯得樸實無華，不過它完全屬於我們，我們覺得它美妙無比。

在那段時期，我在YMCA的工作進行得很順利。我盡可能多認識本地商人，因為我想發展有利可圖的宴會生意。我認為提供大型聚會午餐及晚餐，可以讓那三間宴會廳發揮作用。這個念頭很快就實現了，而且逐漸成長的宴會生意也穩定獲利。YMCA管理階層對我們的財務表現留下深刻印象，我替他們賺的錢遠超過他們的想像。

威明頓的一家本地餐廳注意到我在YMCA的成績，而且在開了多次會議之後，他說服我辭掉現職，去替他工作。結局十分悲慘，後來發現我們不太處得來。在這個工作崗位做了幾個月之後，有天晚上經過一場激烈的衝突，我遭到解雇。那天晚上，我開車回到農場，把這個消息告訴南西。這非常令人困擾，因為我們所剩的錢寥寥無幾，而且南西又懷孕了。

在YMCA時，我注意到對街有一家餐廳，似乎一天二十四小時都很忙碌。它叫做塔多屋（Toddle House），屬於快速出餐的速食連鎖店，在一九三〇和一九四〇年代蓬勃興起。一九二一年，第一家白色城堡（White Castle）在堪薩斯州威契托開幕。白色城堡的創辦人比利．英格瑞姆（Billy Ingram）是大家公認的漢堡之父。他極為成功的白色城堡概念受到許多模仿者複製，其中之一就是塔多屋。到了一九四九年，當我開始尋找自己的事業時，像這類餐飲連鎖店已經規模完善，營運也非常成功。

那些餐廳的顧客在一道直線櫃檯前點餐，而店內只有十個座位。所有的料理過程都是在櫃檯後方、也就是顧客的面前完成，使用的設備都是乾淨的不鏽鋼製品。菜單內容包括快速餐點及早餐項目，例如柳橙汁、雞蛋、培根、香腸、煎餅、鬆餅、烤吐司、咖啡，而且當然還有主要的菜色：漢堡。

在一九二〇到一九三〇年代，白色城堡以及無數的仿效者在基本的主題上提供各式選項。眾多連鎖餐廳搭乘原版白色城堡的順風車，仿效其風格及成功經驗，塔多屋也是其中之一。他們的餐廳乾淨又有效率，為顧客提供絕佳的性價比商品。他們全天二十四小時無休，成了無論何時想要快速又便宜的食物時，最受歡迎的去處。他們營運得當，地點又好，是利潤極高的餐廳。

無論白天或夜晚的任何時候，每當我路過時，塔多屋似乎都忙碌不已。那十個座位常常客滿，而且經常有人站著等待入座。在我看來，這是一門極好的生意，我開始思考，類似的餐廳可能也會同樣成功。

塔多屋的隔壁是一幢閒置的建築，從前曾經開了一家腳踏車修車行。我向女房東自我介紹，發現她迫不及待想以每月三百美元的租金把這地方租出去。我覺得假如我能複製塔多屋的概念，就能經營一家和隔壁鄰居旗鼓相當的餐廳。

我簽了合約租下這幢建築，設計了一種比塔多屋更高檔一點的餐飲概念，不過基本上是同一種餐廳。我沒有規劃直線型櫃檯，而是決定安裝馬蹄形櫃檯，以及十四個座位。我決定將餐廳的室內裝潢和塔多屋做出差異，在食物準備區以及顧客座位並未採用狹小空間，而是規劃一個大上許多的內部設計。料理區包括不鏽鋼桌面、油炸鍋、瓦斯燒烤爐、冰箱、排油煙機、咖啡機，還有飲料台。

我覺得餐廳內部的空間可以運用鋪設油氈地板及壁紙，變得更吸引人。這使得顧客能夠欣賞食物的準備過程，並且提供某種獨特的氛圍。在開幕當天，顧客抵達後，餐廳滿座，我有足夠的座位數能容納滿滿的人潮。

我安裝了當時剛推出商務市場的空調設備，空調設備在零售商店依然是一種新奇的顧客奢侈品。和塔多屋相比，我取得了強大的競爭優勢，因為對方沒有空調設備。我記得設法在悶熱的旅館房間入睡有多麼不舒適，我也完全察覺到，在悶熱的餐廳吃飯一點也不好玩。

好消息是，從我們開幕的那天起，殖民餐廳便高朋滿座。這裡的漢堡、薯條、快餐、鬆餅、蛋、煎餅、菲力牛排和咖啡成了高人氣餐點，我們是用餐好去處的名聲也快速傳了開來。有一次，我們甚至有幸受到最早期的美食作家及餐廳評論家之一，唐肯．海恩斯（Duncan Hines）的推薦。

在營運的前兩個月，我得以培訓出我能仰賴的一群好員工。到了三月，南西和我以及兩個寶寶開車到邁阿密，和尼寇醫生及夫人共度十天的假期。我樂於回到我在這世上最愛的地方。陽光燦爛的邁阿密總是有種神奇魔力，我們希望有天能夠搬到那裡長住。回到威明頓的餐廳後，我們發現在我們不在的期間，一切都進行得非常順利。事實上，沒什麼人想念我。銷售業績很好，我對結果感到滿意。生意成長得比預期還要快，獲利逐漸增加，顯然我們的財務危機已經過去了。能夠開始償還債務，感覺真不賴。

殖民餐廳的營運持續獲利，我的信心也恢復了。沒過多久，我便全心投入研發計畫，要開設第二家餐廳。對我來說，這是一段令人興奮陶醉的時光！殖民餐廳在第一年的業績便高達九萬美元，而我能夠從中獲得一萬五千美元的淨利，這對我來說似乎是天價了。現在看來，這個數字似乎不多，不過在一九四〇年代，這簡直是不得了。

錢的部份很不錯，開設自己的成功事業所帶來的成就感也是。當我創辦自己的事業時，我才二十三歲，我享受的成功只是強化了我的信心和決心，我要成為一位非常成功的餐飲業者。這是我接受訓練的目的，也是我認識的唯一一門生意。

你永遠不知道可能性在哪，直到你碰上了狀況、親自嘗試一番。恐懼讓你卻步，除非勇氣推動你向前。殖民餐廳激起了我的雄心，我迫不及待想持續前進。我不知到這條路能走多遠，但是我已經準備好要放手一試了。

第四章

陷入困境

生命是一種學習經歷，身為一個跨入商業世界的年輕人，我向來知道我要學的可多了。我經常回顧在一開始的那些年，設法記下我犯過的錯，以及可能在犯錯之後學到了什麼。面對那些初次嘗試跨入商界，或者甚至是開始一份新工作的年輕人，假如要我提出建言的話，以下是我會對他們說的話。

設法承認你有可能不像自己所想的那麼聰明。假如你認為自己太聰明，你可能會犯下一些原本能避免的錯。你可能有天會需要同事的友誼，但是或許因為你太過專橫、自負及傲慢，在一瞬間失去了這份情誼。一點謙遜帶來的助益無窮。我從不知道有誰能透過只聽自己說話而學到任何事。

哈維・弗魯霍夫（Harvey Fruehauf）帶領弗魯霍夫拖車公司走過那段重要的擴展歲月，而我從他那裡獲取的重要忠告之一是：「在匆忙中採取行動，就會在空閒時感到懊悔。」一九五六年，我認識了哈維，他成了一位珍貴的友人、生意夥伴以及精神導師。他的忠告和友誼對我來說意義重大，我常希望自己能早點認識他。

一九五一年二月，我又開車載一家人前往邁阿密。這時尼寇醫生將他的診所從邁阿密市中心搬到了一處新地點，叫做五五〇大樓，位在布里克爾街，當時尚未完工。那是在邁阿密河西岸建造的第一幢商業辦公大樓。尼寇醫生告訴我，新大樓正在尋找一位新租戶，在一樓開設餐廳，他建議我考慮租下那個地方。我看過那裡，但是我在評估那個地點以及南佛羅里達州的餐飲市場時，有點過度焦慮又不夠謹慎。

對我來說，重要的是判斷在邁阿密開設餐廳的潛在可能性。為了展開這個過程，我嘗遍我聽過的諸多忙碌餐廳。我的發現讓我驚訝不已，大部分的餐廳都有長長的人龍站在門外等著進去！排過了許多那種隊伍，也忍受了令人沮喪的等待之後，我經常得到糟糕的服務和普通的食物。我對那些餐館的營運並未留下任何深刻印象，但是念念不忘的念頭是，假如這些餐廳能吸引這麼多顧客，那麼我在邁阿密就能發大財了。這是快速又浮躁的判斷。我讓自己陷入了一生中的震撼。

我在尋找一個好的藉口，把家搬到邁阿密，而且我並未審慎檢視狀況，就這樣簽下了一紙合約，承租五五〇大樓地面樓層的一半空間，並且全心投入在那裡開設一家餐廳的工作。這份合約讓我以月租八百八十四美元來使用這個空間。我一下子便做成這筆交易，沒有多花時間去擬定商業計畫、建立菜單策略，或是考慮我有限的財務資源。

我想我可以日後再處理那些細節。我的例子就是草率檢視、過度自信，並且缺乏判斷力。我說服自己兩件事：邁阿密迫切需要更多好餐館，以及這裡是個好地點。我對這兩點都錯得離譜。

簽了合約之後，我開始思考哪種餐廳最適合這個地點。我決定這家餐廳要供應早餐、午餐和晚餐，從早上七點到晚上九點，每週營業七天，配置包括在早餐及午餐時段供應快餐的點心小站；剩下的用餐空間會擺設餐桌及雅座，還有女侍服務。餐廳一共可容納八十位顧客。

這個計畫夠簡單了，不過生活即將變得複雜。當回到威明頓，我面臨的任務是要找一位店長來接管殖民餐廳。我需要這麼做，才能把家搬到邁阿密。我決定保留殖民餐廳，因為我期望這能幫忙支付在邁阿密的花費。另一個問題是要賣掉農場，這意味著南西和孩子們要留在威明頓，直到我們能找到買家。我打算在完成餐廳的設計之後，五月初回去邁阿密。這會給我時間訂購設備，讓一切準備就緒，在秋初開始營業。

五月我回到邁阿密時，不禁大吃一驚，我在二月時所看到餐廳大排長龍的景象完全不復存在！我居然沒想到一九四〇、一九五〇年代的邁阿密是一座季節性的度假勝地城市，冬季人潮眾多，淡季和夏天的月份則可以說是座空城。二月正好是冬季的高峰期。我在二月份來訪時吃過的許多餐廳，現在都上了遮板，歇業過暑假。當地人會說，在夏季的時候，你可以「朝富萊格勒街發射大砲，卻不會打中任何人」。我逐漸害怕我的新餐廳是否有機會順利開張。可能失敗的想法沉重地壓在我的心上，南西和孩子們不在我身邊，這份擔憂因此加重了。我非常孤單，而且我知道對南西來說，這也是同等的孤單經歷。我害整個家庭陷入極為困難的處境，我好氣自己。這種情況帶來的唯一好處是，它讓我學到寶貴的一課。

我一個人住在邁阿密，有大把的時間思考我所犯下的過錯，也就是我對於這個餐廳計畫是如此衝動行事。早在餐廳開始成形之前，我就知道我會遇到一些真正的問題。周遭的市場和地點本身不太吸引人，我的位置是在一棟小建築裡，裡面的員工不到六十人。大部分的承租戶是醫生，他們的病患通常年紀較大，不是很有興趣到餐廳吃飯。這些人大多生病了，心裡有事要煩。這棟大樓到了晚餐時分會空無一人，週六和週日則會關閉。另外的問題是，我不能期待鄰近社區會帶來多少生意。真正的麻煩是，那些快速移動的車潮是否會在一棟辦公大樓的商業餐廳停下腳步。這些最後都成了真正需要擔心的事。

我下了決心，如果能撐過這場危機，將來在做出任何商業決定時，我都會更加小心分析。幸好即便花了好幾個月，南西仍順利賣掉了農場。我飛到威明頓，安排好搬家公司將我們的個人物品送到佛羅里達，然後我在七月份開車把我們四個載回邁阿密。

一九五一年，麥寇公司（Mackle Company）建造全新的獨立房屋，價格在一萬二千到一萬三千五百美元之譜。購買這種現代的迷人房屋，買家只要付最低的頭期款，再加上非常誘人的貸款融資條件。南西和我甚至沒有足夠的現金去付頭期款，但是我們得以承租一間這種新房屋，在七月份搬了進去。我們只有幾週的時間安頓下來，然後布里克爾橋餐廳就要在八月份開張了。

打從五月起便困擾著我的所有恐懼和憂慮，證實並非空穴來風。餐廳開張之後，生意非常清淡，我的初期促銷活動並未成功吸引到顧客。面對高額租金，以及在八到十一月每個月的業績平均只有三千美元，這些就足以讓我持續深陷憂慮的狀態了。我認真質疑自己是否能讓這地方順利經營，假如生意沒起色，我很快就會破產了。我記得在某個週日，我們在早餐時段的進帳只有八美元，中餐是十二美元，而晚餐是十美元。那天晚上，回家的路感覺起來好長。我要負擔發給兩名廚師、兩名洗碗工和六位女侍的薪水，我犯了一個重大失誤，而這開始損耗我的自信心。我還沒準備放棄，但是在自尊受損的情況下，我看起來悲慘極了。

我通常會在早上五點起床，這樣才能在六點抵達餐廳。我做早餐，在早上時段寫好午餐及晚餐的菜單；我擔任領檯，在用餐時間帶顧客入座；我身為店長，訂購食材並訓練員工。晚上九點，餐廳打烊後，我一個人留下來拖地，刷洗鍋盆及廚房用具，然後才開車回家，因為我負擔不起雇用任何人來做這些工作。我的一天當中最棒的部分，就是坐在我們那間小屋子的前廊放鬆休息，享用一瓶啤酒，並且和南西聊聊她的一天，以及我難得見到面的孩子們。在跟南西隨心所欲地聊天中，我得以釋放一些壓力，不過主要是分享我對餐廳的顧慮，還有我們面臨的問題。我們需要開誠布公地談，因為我們坐在同一艘船上，而且家庭事業的存亡岌岌可危。這些共處的安靜深夜時光給了我們機會這麼做。

這是每天相同的慣例，一週七天都是如此。我有一年半沒休息過一天，拚命想把餐廳做起來。南西告訴我，我們的鄰居以為她是帶著幼子的年輕離婚婦人，因為他們從來沒看過家裡有男人。好消息是，雖然布里克爾橋一直虧錢，我們還有殖民餐廳的收入，讓我們能維持下去。在此同時，我試圖想辦法刺激銷售，讓餐廳走上獲利的道路。

我們每天提供兩種午餐特餐，一種是六十五美分，另一種是九十美分。無論點哪一種，顧客都能選擇湯或果汁，再加上一種主菜、兩種蔬菜、麵包捲、奶油和一份飲料。我學到價格是吸引新生意的一大因素，而且我盡力提供合理的價格和創新的菜單。晚餐的話，菜單上有諸如「金黃油炸西礁島大蝦」及「現烤鮮嫩灣流鯧魚」等菜色，而且我堅持味道要和菜單上寫的一樣好。餐廳總是保持一塵不染，我花了很多時間訓練女侍關於提供正確服務的微妙之處。我負責所有採買，在準備料理的各方面都和廚師緊密合作。晚餐菜單每天更換，一套完整的晚餐，包括甜點和飲料，售價只要一點八美元。一份包含四隻大蝦的鮮蝦雞尾酒，單點的話只要四十美分，而當顧客點了一份套餐，只要多加十五美分就能享用。這是物超所值，但是新顧客的人數依然不見起色。

「季節」在一九五一年十二月來到，帶來了我們長久以來迫切等待的第一波觀光人潮。這種情況持續到了二月，帶來我們迫切需要的業績和獲利，幫忙支撐我那往下掉的資產負債表。但這些只是剛好足夠我撐過冬天，當一九五二年的四、五月份來到時，我面臨了相同的低營業額，以及在剛開始開張時體驗到的相同悲慘結果。夏季的生意慘不忍睹，我開始以我難以承擔的速度一再虧錢。我必須盡快想辦法。

那個辦法以一個叫做查理．庫柏的小男孩形式出現。打從餐廳在前一年的八月開張，我就雇用了一個叫做亨利．庫柏的年輕男孩當洗碗工。亨利大約十四、十五歲，我付給他的薪水可能不比最低薪資高多少，也就是約莫時薪五十美分。亨利是非常勤奮認真的員工，有一個約莫十一、十二歲的弟弟，叫做查理，每天晚上會陪他來上工。查理以一種可愛的方式來接近我。他通常會露出大大的微笑，拉扯我的衣袖，想哄得我給他一份工作。我的僅有回答通常是：「我都快付不起你哥哥的薪水了，查理。我真的很抱歉，但是我沒有任何工作給你。」但是千篇一律地，查理會在隔天以及接下來的每一天回來，問我是否有工作給他。

一天晚上，當查理走進餐廳時，我把他叫過來，並且說：「查理，我想我有事讓你做了。

我要給你一件漿得雪白的乾淨廚師服，一頂搭配的廚師高帽，還有一只晚餐鈴。我要你去布里克爾街上，就在餐廳的前面，搖響這只鈴鐺。」我沒有就此打住。「你要確定跟過往的每個人微笑。我要你盡可能響亮地搖鈴，我要大家都聽見鈴聲。」我告訴查理，我會在他身上投射兩盞聚光燈，這樣過往的每個人都會看到他。這番話帶給他一個大大的咧嘴笑容，臉龐亮了起來。查理很開心能得到這份工作，即便我只付得起一小時五十美分的薪資。

他每天晚上都會來，換上他的白色廚師服，帶著他那美妙的微笑，在餐廳前面搖幾個小時的鈴鐺。「晚餐鈴查理」成為邁阿密的一場即興演出。他是如此迷人又快活的小男孩，這個概念又是如此獨特，數千名夜歸的人注意到了布里克爾橋餐廳，還有這個很棒的新面孔，一個獨特的小男孩，有著大大的微笑，搖著晚餐鈴。我終於想到一個聰明的主意，吸引大眾的注意，不過問題是，這是否能吸引人潮呢？我決定推出特價牛排晚餐。

我在《邁阿密先驅報》刊登一系列廣告，放了一張「晚餐鈴查理」在餐廳外面搖鈴的照片。廣告文案寫著：

貼心提醒

小查理依然在搖晚餐鈴，歡迎你享用邁阿密最划算的牛排

一磅頂級沙朗牛排只要一點九五美元

其他晚餐套餐一點四美元起

大家一起來，看看
拿著晚餐鈴的小查理
布里克爾橋餐廳
五五〇大樓
晚餐時段：晚上五點到九點，一週七天
大樓後面有大量免費停車空間

頂級鮮嫩牛排搭配烤愛達荷馬鈴薯、沙拉和飲料的一點九五美元定價，剛好反映出我的成本。每賣出一份套餐，最多只算打平而已。牛排絕對是頂級的，雖然我知道賣了賺不了錢，但我確實覺得可以吸引人潮，而這就是最迫切的問題。我的計畫是訓練女侍推薦其他菜色，例如焗烤龍蝦、帕馬乾酪焗烤小牛肉、炸蝦、小牛肝，或是菜單上的其他品項，因為這些菜單上的其他菜色賺得到利潤。有了查理和我們主打超值牛排晚餐的廣告，業績和人潮都大幅增加。

這種獨特的促銷在邁阿密打造出另一種現象。經常到了晚餐時刻，我們的餐廳外面會大排長龍，就算是在夏季月份，許多其他餐廳關門歇業時也一樣。這種出色促銷的成績連我都感到意外。當我終於意識到，我畢竟有個好機會成功時，壓力解除了。我靠著想出一個創新的行銷點子，讓一個失敗的事業起死回生。我再次站在成功的這一邊，感覺棒極了。

這次行銷成功是我在商場職涯中的絕佳經驗之一，對我建立漢堡王事業也有不少的幫助。

這一課算是行銷智慧。你可以在書上讀到這類的事情，但是假如你希望學習能持久不忘，真的要親自體驗才行。這個啟示和學到的一課很簡單：假如你要在市場上推出一項產品或服務，你需要用一種方式，將它和一個獨特又極具獨立性的主題做出連結。以最低價推出超值牛排晚餐很吸引人，不過這還不足以吸引大批的人潮。我必須用廣告去吸引讀者的注意，人們需要看到廣告推薦些什麼，而晚餐鈴查理做到了這點。他推銷牛排，而且告訴大家哪裡吃得到。除此之外，他還散發出一種個人魅力，吸引客人上門來親眼瞧瞧，這和漢堡王推出華堡的成功經驗有異曲同工之妙。

不幸的是，在布里克爾橋餐廳開始表現得非常出色的同時，殖民餐廳正在走下坡。我找來負責的店長把原本非常簡單的餐飲概念複雜化，在菜單上新增了各種菜色，結果是我們的質感降級成為管理完善、主推漢堡的快餐餐廳形象。業績下降，餐廳的獲利能力也是。布里克爾橋餐廳在早期辛苦經營的那幾年，殖民餐廳的獲利讓我們家勉強維持生計；現在餐廳出現了麻煩，我必須處理由我交代負責的管理部門所造成的問題。

我在布里克爾橋餐廳的部分運氣不錯，遇到了一位年輕人，叫做比爾．畢洛侯卡（Bill Bilohorka）。比爾剛從賓州飯店餐飲管理學院畢業，有天從街上走進店裡，要我給他一份工作。布里克爾橋的生意持續成長，我負擔得起請他擔任副店長，而且他打從一開始就表現出色。當殖民餐廳的狀況開始走下坡，我找上比爾，問他是否願意去威明頓，接手那家餐廳，然後替我把它賣掉。顯然老闆離家千哩遠是行不通的。

殖民餐廳急需更換管理階層的事，發生在一個最不恰當的時機。南西懷了第三胎，而我們依然住在那間租來的小房子。時間到了一九五三年七月，殖民餐廳的生意持續惡化，我收到了店長的最後通牒，要我依他的條件把餐廳賣給他，否則他會就這麼走人。他假定我處在別無選擇的狀態之中。

當我們的談判走到了關鍵時期，南西分娩了。我在七月十四日趕緊送她到傑克森紀念醫院，她在自己的生日當天，生下了一個漂亮又健康的男寶寶。我們決定把這個寶寶取名為史特林・惠特曼・麥克拉摩。那天晚上，我必須離開南西身邊，比爾・畢洛侯卡同意和我一起走，接管那家餐廳。道別之後，我和比爾前往機場。關於南西的堅強及勇氣的回憶，我永遠銘記在心。

當比爾和我抵達威明頓，我開除那位店長，把餐廳交給比爾負責，我很有信心，殖民餐廳會受到很好的照顧。過了幾天，我回到邁阿密。南西挑起管理家庭的責任，照顧兩個小女孩和一個新生男嬰，彷彿什麼事也沒發生。我回到我在克里布爾橋餐廳的規律時間表，每天工作十六小時，一週七天。餐廳生意很好，而且蒸蒸日上。我在心中暗自祈禱，比爾有辦法把殖民餐廳賣掉。

在當時，我特別關注的是我們的新生兒子。我在德拉瓦州待了幾天時，對於留下南西一個人照料一切，心裡十分過意不去。打從婚後，我便長時間在餐廳工作，努力想要成功。逐漸成長的家庭對我們來說非常重要，我也期待能花更多的時間陪伴他們。

比爾幸運地找到買家，付了合理的數目買下餐廳，完成這樁交易。我找了一位年輕的律師，最近從法學院畢業，剛開始執業的安德魯．克里斯帝（Andrew J. Christie），擬定文件，完成買賣。

比爾賣掉了殖民餐廳之後，回到邁阿密，再次來到布里克爾橋餐廳與我會合。餐廳的生意很順利，獲利也令人滿意。到了一九五四年初，我開始討論加入最近才認識的戴夫．伊格頓的「速食漢堡王」事業的可能性。有好一段時間，我一直在思考自己開設連鎖餐廳。戴夫想創辦餐點選項有限的連鎖餐廳，而他對這個念頭的熱忱引發了我足夠的興趣，進而深入研究這個議題。我喜歡戴夫向我展示的內容，不過我顯然需要賣掉布里克爾橋餐廳，才能籌到所需的資金來創辦這項新事業。在那年的春天，是比爾．畢洛侯卡拿錢出來跟我買下餐廳。

南西和比爾讓我明白，當一個人可能獨自面對重重難關時，對的夥伴對於鋪設通往成功的道路會有多大的幫助。假如你要找一個夥伴，信任以及擁有共同的目標能為兩人都帶來成功。

賣掉了殖民餐廳和布里克爾橋餐廳之後，我準備要接受全新的不同挑戰。此刻我不明白的是，前方的道路充滿了坑洞。

第五章

起步

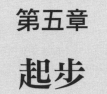

戴夫・伊格頓在伊利諾州芝加哥郊區的威爾美特（Wilmette）長大。他就讀康乃爾大學飯店管理學院，後來加入了霍華強生的組織，在那裡一路做到了邁阿密地區的經理人位置。他告訴我，他管理位於邁阿密市中心杜邦廣場一帶的餐廳，而當時我正在邁阿密河西岸，距離僅二百五十碼的地方，經營布里克爾橋餐廳。

到了一九五三年，戴夫正在考慮開一家冰雪皇后（Dairy Queen）分店。他知道販售霜淇淋的利潤很高，而他想學習更多關於這一行的潛在獲利能力。一九五三年夏天，他有一次去了佛羅里達州傑克孫維。他在傑克孫維海灘社區沿著濱海大道開車，這時他注意到一幢正在施工的建築，看起來很像冰雪皇后。他停下車，靠近觀察，認識了基斯・克拉莫（Keith G. Cramer）和馬修・伯恩斯（Matthew L. Burns）。他們告訴戴夫，這家新店會取名為「速食漢堡」（Insta-Burger），菜單上會有要價十八美分的漢堡、十八美分的奶昔、十美分的薯條、十美分的可口可樂和沙士，以及柳橙汁等軟性飲料。

這個概念會稱為自助開車點餐，不同於免下車的模式，也就是那個年代開車點餐通常提供的那種服務。克拉莫先前的經驗是在基斯的開車點餐餐館（Keith's Drive-In），他在代托納海灘經營的一家餐廳。他和他的岳父馬修・伯恩斯，都是資深的餐飲業者，最近造訪了位在加州聖伯納迪諾的麥當勞快速服務系統開車點餐餐廳。他們在一九三七年開了他們的第一家免下車開車點餐餐廳。戰爭結束後，他們在聖伯納迪諾的十四街和東街路口，開了一家非常成功的免下車開車點餐餐廳。

雖然生意成功，但它變成了青少年的聚會去處，讓許多原本可能前來的顧客打消了念頭。麥當勞領悟到他們的餐點銷售有超過四分之三都是漢堡，於是決定重新設計餐廳，取消免下車服務，引進新概念，也就是自助的點子。他們的焦點放在快速服務及低廉價格。在他們重新打造但小得多的餐廳裡，提供售價十五美分、十分之一磅重的漢堡肉夾麵包，制式作法是上頭淋上番茄醬、芥末，再撒上碎洋蔥，還有兩片酸黃瓜。顧客還可以客製化漢堡而不用額外加價，但通常必須等上好一段時間。

麥當勞的創意新概念很快就流行了起來。快速服務吸引了新顧客。新鮮的薯條、奶昔和軟性飲料，菜單上就這些而已。因為菜單品項有限，因此餐廳要提供高品質的餐點與快速服務就變得相對簡單。而自助式服務也大大削減了經常性支出，讓利潤維持高檔。

對於接下來成了眾所周知的速食企業來說，一九四八年是分水嶺。理查．麥當勞（Richard McDonald）與莫里斯．麥當勞（Maurice McDonald）兄弟倆是先驅，將一個想法概念化，旋風式地席捲美國及全世界。他們的餐飲服務方法也成了免下車開車點餐產業終結的開始。在一九三〇及一九四〇年代，該產業由於提供汽車越來越普及的美式餐飲服務，因此有了顯著成長。麥當勞的創始店開張，而且獲得極大的成功之後，大眾對有限的菜單以及各種自助服務餐廳概念，簡直嚇呆了。這注定永遠改變美國及海外餐飲服務業的特色及風格。

根據美國商業部統計，一九四八年的餐飲銷售業績總計為一百零七億美元；四十年後，麥當勞系統每年的餐飲銷售業績超過一百四十億美元。

雷．克洛克（Ray Croc）在介紹麥當勞時說的故事點出了重點。在一九五四年，克洛克是一名設備銷售員，販售製作奶昔的多功能攪拌機。這種攪拌機是一台有五個轉軸的機器，一次能製作五杯奶昔。製作奶昔時，首先在特製不鏽鋼容器裡倒進幾勺冰淇淋、一些牛奶、香料及麥芽。將容器放在轉軸上組合起來，高速攪拌器會將內容物混合在一起，製作出美味的奶昔。克洛克認為一家餐廳不太可能會需要一台以上的多功能攪拌機，不過聖伯納迪諾的麥當勞餐廳訂購了十台這種攪拌機。克洛克對這份訂單感到好奇，想親自看看這家餐廳為何需要十台機器來一次製作出五十杯的奶昔。他前往加州，親眼見證了麥當勞的驚人生意。他注意到總是有人在排隊等待服務，而且人龍排到了大街上。餐點可口、價格低廉，而且用餐環境乾淨。麥當勞的顧客一下子就能拿到餐點。克洛克或許在當下便決定了，他必須參與其中。

和麥當勞兄弟經過無數討論及協商後，克洛克同意成為麥當勞加盟企劃的唯一代理人。他和兩兄弟簽訂一份獨家合約來執行這項服務。麥當勞餐廳在聖伯納迪諾的成功吸引了媒體報導，開始刊載許多關於這個現代餐飲服務現象的文章。國內各地的餐廳業者爭相來到加州，想一睹這個驚人的全新改革。要不了多久，麥當勞的營運方式便遭到國內各地餐飲業者的仿效，他們認為自己能打造出類似的成功經驗。

和麥當勞兄弟簽下協議之後，克洛克回到了芝加哥，在伊利諾州德斯普蘭士李街開了他的第一家麥當勞餐廳。這起歷史性事件發生在一九五五年四月，這家餐廳一開幕就大為成功。

克拉莫與伯恩斯聽說了麥當勞餐廳的驚人成功，他們和許多其他人一樣，都想親自看個究竟，也留下極為深刻的印象。在加州時，他們聽說了速食機（Insta-Machine）的事。根據該機器的發明人喬治．瑞德（George Read）的說法，這些機器有辦法自動做出漢堡及奶昔。他們決定趁著來到當地，要來仔細看看這種機器。他們和瑞德碰面，後者示範了機器如何運作。他們對於看到的成果感到滿意，最後和瑞德簽訂合約，買下一台機器。這份授權合約要求他們要開設和創新的麥當勞概念類似的餐廳。克拉莫及伯恩斯與瑞德合作，設計了一棟與麥當勞類似的餐廳建築。他們覺得自己的概念可行，希望瑞德的速食燒烤機及速食奶昔機能在開發機會時，為他們帶來競爭優勢。

和瑞德簽訂的合約使得克拉莫與伯恩斯成為最早的地區執照持有者，而且將佛羅里達州交給他們去發展。合約給了他們專屬權去使用速食機，以及在該地區使用速食（Insta）的名稱。合約也授權他們發給他人許可去經營餐廳，統一規劃使用速食機及其名稱。每開一家餐廳，瑞德便收取些許加盟費、速食機的銷售利潤，以及每家加盟店應該要給的百分之二專利費。克拉莫與伯恩斯做出決定，他們的第一家餐廳要取名為速食漢堡（Insta-Burger），店面很快就開始動工了。他們在當時無法想像的是，這些機器會給他們帶來多少麻煩。

速食漢堡燒烤機可能是由魯布．戈德堡（Rube Goldberg）設計出來的東西。這台機器大約三呎長、一呎寬、兩呎半高。它有十二只籃子，盛裝一塊肉餅和麵包，然後繞著電熱管轉動來燒烤。經過一次循環後，肉餅從導槽滑進醬汁裡。醬汁由瑞德、克拉莫與伯恩斯調製，是由番茄醬、芥末、甜碎漬瓜，以及「特殊調味料」混合製成的熱醬汁。收到點餐之後，操作者會從醬汁鍋裡撈起一塊煮好的肉餅，放在麵包上，然後用紙包好出餐。不幸的是，機器經常無法和導槽嚙合，以至於停了下來無法運作，直到修理好為止。

速食奶昔機是將液體奶製品混合物快速冷凍成美味的濃密奶昔，奶昔濃到必須用出餐時附上的木製湯匙舀來吃。這種快速冷凍法是相當迅速的過程，讓速食名實相符。這部機器是由位在上方兩只分開的冷凍槽打造而成，一只盛裝著香草奶昔混合物，另一只是巧克力混合物。機器的正中央是冷凍缸，上方有一個馬達，驅動連結的攪拌頭配件。攪拌頭有鉸接葉片，延伸到冷凍缸裡。

有人點了奶昔之後，操作者拉動巧克力或香草槽的小控制桿。這會啟動某個裝置，舀起固定分量的混合物，倒入鄰接的不鏽鋼貯存器。從這時起，混合物會沿著一條透明塑膠管流下，直接進入冷凍缸裡。在混合物進入冷凍缸的這一刻，奶昔機操作者會開啟馬達開關，啟動攪拌頭配件。這會將液體混合物甩到不鏽鋼冷凍缸壁上，混合物在此立刻變得濃密凝固，攪拌葉片把成品從冷凍缸壁刮下來，擠壓到放在配件底部的紙杯裡。

假如勺子舀起正確容量的混合物，紙杯就會裝滿。不幸的是，結果並非總是如此。假如勺子舀了太多混合物，紙杯會滿出來，留下一團亂而有待清理。萬一倒進冷凍缸的混合物太少，那就需要再多擠出剛好足夠的額外混合物，再做一些來裝滿紙杯。通常那樣會舀出太多混合物，又搞得一團亂。我們設法不去提起在製作巧克力口味之後，香草奶昔稍微變了色，內部的員工會把它稱為摩卡。我們只希望顧客不會提出異議。

儘管我們在使用速食奶昔機時遇到了種種問題，這項商品美味極了。它有絲絨般的光滑口感，夠冷而且從來不會呈現顆粒狀。多虧這種獨特的製程，奶昔只會溢出一丁點。攪拌到這項產品裡面的空氣量很少，因此它比現代分批式奶昔機製作的產品更加美味。

當克拉莫及伯恩斯在傑克孫維打造他們的第一家速食漢堡餐廳時，他們在好幾個場合上遇見了戴夫。他和他們的區經理談過，取得許可在他規劃的冰雪皇后店面供應漢堡。當他認識了克拉莫及伯恩斯，他心目中規劃的建築已經打好地基了。仔細檢查了打算販賣奶昔、薯條及漢堡的速食系統之後，他放棄冰雪皇后的想法，而是想加入克拉莫及伯恩斯的構想。

在餐廳開張之前，戴夫提議他們把名字從速食漢堡改成速食漢堡王（Insta-Burger King）。他也畫了一張圖，上面是一個國王坐在漢堡上，雙臂抱住一杯奶昔。他把這張素描拿給克拉莫及伯恩斯，提議他們使用這個作為商標。後來餐廳以速食漢堡王的店名開幕，招牌上是麵包上的國王坐在高塔上，塔高十二呎，位在大樓屋頂上。速食的名稱顯著地展示在大樓的正面外觀，漢堡王的名稱出現在它的底下。

和喬治瑞德的合約有所變更，未來開設的餐廳名稱都會是速食漢堡王。它也提出麵包上的國王象徵以及速食漢堡王的名稱，都要作為商標以及服務標誌。克拉莫及伯恩斯已經在華盛頓註冊這些商標。戴夫並不期望任何回報，而他也什麼都沒收到。漢堡王的名稱第一次使用時，便注定要成為全世界最受歡迎及廣為人知的品牌名稱了。

戴夫和克拉莫及伯恩斯簽訂合約，在邁阿密開設第二家漢堡王開車點餐餐廳。在考慮這件事時，他領悟到，如果要進一步擴展這個生意概念，他需要更多的資金。他覺得光是經營自助服務的開車點餐生意，不符合經濟效益。他開始尋找一位夥伴，幫助提供額外的資金，以及協助他打造這番事業。他回到邁阿密之後，去見了在富萊格勒街開了一家餐廳的哈維．富勒（Harvey Fuller）。哈維是邁阿密知名的餐飲業者，當我在開設布里克爾橋餐廳時，我去見過他。是哈維鼓勵我加入邁阿密餐廳協會，後來我被推選為會長。哈維認真地看了戴夫的計畫，雖然受到吸引，而且認為這個想法頗有前途；但在他這年紀，他還是不傾向於投資這種未經實證過的商業概念。他建議戴夫來找我談這件事。戴夫接受了建議，結果我們倆便攜手合作。

一九五四年三月一日，戴夫的速食漢堡王開張，地點在邁阿密第三十六街西北三〇九〇號。這棟簡單的建築和鋪面停車場造價一萬三千美元，戴夫無法靠自己建造這幢建築，但是他有辦法說服地主建造，然後出租給他。戴夫的速食漢堡王是使用這個名稱的第二家餐廳，但是並未吸引到大眾太多的興趣，單日的平均銷售成績不到一百美元。速食漢堡王的概念是當時餐飲界的新奇試驗，大眾還沒準備好接受它。即便如此，戴夫有信心假以時日，人們對它熟悉之後，生意就會有起色了。

在這之前，美國國內很少有餐廳以自助服務的方式來服務顧客。這套系統要求顧客走到點餐窗口，先付錢，然後等待餐點完成。食物是放在紙托盤或紙盒及紙袋裡。在一九五〇年代初期，餐飲業者對這種全新又不同風格的服務感到陌生。餐點到了之後，顧客可以選擇在自己的車上吃，或是在露天用餐區座位用餐。在一九五四年的邁阿密，這種點子未經檢驗，不常見也不受歡迎。生意持續低迷，但是戴夫對於有限菜單、快速服務及低廉價格的餐廳點子深感興趣。當我們在我的布里克爾橋餐廳一起享用晚餐時，他的熱忱顯然可見。在他的新餐廳準備開張的那段期間，他經常過來。

後來我們更熟了之後，戴夫更加緊地施壓，要我加入他，成為生意合夥人。他把手邊可用的資金幾乎都投入了創辦這家店。我必須承認，這個想法確實引起我的興趣。幾個月前，我已經賣掉了我的第一家餐館殖民餐廳，我人生中第一次有了一點可用的資金。我謹慎地思考加入他成為生意夥伴的可能影響。

在當時，布里克爾橋餐廳的生意很好，不過我清楚知道，這類純商業型態的餐廳可能永遠不會發展成連鎖企業，而那才是我心裡真正的打算。戴夫不斷堅持，要我過去看看他新開張的速食漢堡王，我感覺到這可能是值得深入研究的機會。我接受了他的邀請，同意在他開張的時候去看個究竟。

四月份的一個晚上，南西和我開車前往第三十六街去見戴夫，看看他的新餐廳。我對那地方的乾淨明亮深深著迷，不過最吸引我的是這家店的簡單性。我不得不贊同戴夫，這個想法有潛力，可以發展成連鎖餐廳。在我們初次造訪之後，戴夫進一步提出他的說服懇求，要我和他一起加入這項事業。我喜歡戴夫，認為我們可以成為一個好團隊，享受融洽的工作關係。我的問題是籌措到與戴夫的投資相符的資金。我會需要因此賣掉布里克爾橋餐廳，而這一來會讓我斷了收入來源。

打從一開始，我們便談到同等額度的投資，這樣我們倆才能成為真正平等的合夥人。我想這是合理又公平的方法，但是我要先確認戴夫對我說過的，關於他的資金投資和生意利潤的事。我要求他讓我過目他在這方面的財務紀錄。無論他投資多少，我打算投入同等的資金，因此在我做出最後決定之前，這類的資料不可少。

你必須對戴夫．伊格頓有一點認識，才能體會到這個人從來都不太注重細節，尤其是那些和財務相關的事情，他就是對會計、財務問題和金錢提不起一點興趣。戴夫是個非常富有創意也極為聰明的人，大多傾向於以概念的方式去思考。他告訴我，儘管營業額不高，餐廳仍賺取極為可觀的利潤。

餐廳才開張六或七週，他說：「吉姆，我沒有財務報表或帳冊。我一直在收集銷售資料，顯示出我們每天賺進了多少錢。我也可以給你看我付了哪些錢，讓你看我的支票本，但是我沒有損益表或資產負債表能提供給你。」我說：「戴夫，你何不把你有的紀錄收集起來，寄給我的會計師，修．西林頓（Hugh Shillington），他是註冊執業會計師。他可以替你準備財務報表。這應該能證明你在這起生意中投資的程度，應該也能讓你看到自從餐廳開張後到底賺了多少錢。」

戴夫接受了這個提議。他先前告訴我，餐廳已經有獲利了，雖然他沒有確切的數字來證明這一點。他以餐廳能達到低勞動成本為例，推測這樁生意能在銷售上賺取近百分之二十八的利潤。我很難相信這個小生意能在如此有限的銷售中，賺到這麼高的利潤，但是我接受這是一樁可獲利的生意的想法。戴夫送來他的「冊子」，是各種文件塞在一只桃子籃裡頭，那是他在當地農產品市集找來的容器。他只是把他的銷售紀錄、支票本、代表他購買設備的各種發票、開業前開支的帳單，以及開業營運所帶來五花八門的支出，全都扔進去。過了幾週後，西林頓先生交出了一份財務報表，報表內容和戴夫估計的營運結果有相當大的不同。他不只沒有在銷售上賺取百分之二十八的利潤，報告顯示他截至當時為止，在他想辦法達成的銷售業績之中，事實上虧損了百分之五十六。

我為什麼願意投資一樁報告這麼悲慘的事業呢？答案是那份財務報表只涵蓋了一段非常短的時期，裡頭有很多起步的開銷，似乎扭曲了整個狀況。

我樂意以那種方式來看待報表，但是我其實對戴夫．伊格頓的特質更有興趣，然後自問這個人是否會成為好的生意夥伴。當時我完全滿意，因此我樂於就戴夫的正直以及對於事業承諾的方面，信任我的直覺。我把主要焦點放在生意概念本身，我喜歡我在那裡看到的狀況。速食漢堡王的想法是一個簡單的餐飲服務概念，有了足夠的銷售，它能輕鬆擴展為連鎖餐廳。這就是我在尋找的。我能看見有很多營運問題需要解決，但是簡單的菜單、低廉的價格、高利潤及快速服務，這些想法對我來說再合理不過了。我準備好要把手邊的一切投進去，加入這位非常聰明又有趣的人。

西林頓所做的財務報表顯示，伊格頓在這樁生意投資了約兩萬美元。這和戴夫告訴我的一致，我同意拿出相同的資金。一九五四年六月一日，也就是戴夫開了他的第一家速食漢堡王餐廳之後，我們組成一家公司，叫做邁阿密漢堡王公司（Burger King of Miami, Inc.）。這家新公司擁有戴夫的專屬資產所有權，並且取得他所有的企業負債。我們發給彼此各百分之五十的股票。報表顯示我們投資了四萬美元，擁有一家速食漢堡王餐廳。投資之後，我們有足夠的現金，假如控制得宜的話，可以再開幾家餐廳。我們在帳本上有虧損的紀錄，但是除此之外，我們在成長及擴張方面很有信心。

我們看清楚機會就在眼前，激勵我們向前推進，儘管店裡可能仍有著潛在缺點，但我們擁有向前走的熱情、熱忱和資金。我們的教訓是：不要讓狹隘的觀點或先前的成績，阻止我們去追求那個良機。

第六章

再次陷入困境

加入戴夫以及投資速食漢堡王生意，是我截至當時為止所做過最重大的事業決定。我無從得知這個新奇的餐飲概念是否能吸引大眾的喜愛或者獲得成功。對我來說，這就和當初殖民餐廳及布里克爾橋餐廳開幕時，同樣的恐懼及不安再次湧現。我相信這個概念會成功，但揮之不去的問題是：這樁生意真的會成功嗎？我們倆是否能運用自助服務概念及兩部怪誕又難以捉摸的機器，成功打造連鎖餐廳事業呢？這個古怪的想法從來不曾在市場上測試過。就像我在這幾年來所做的一樣，我把手邊所有的可用資金都投了進去，孤注一擲，根據的假設是我們可以成功實行這個全新又未經證實的事業想法。

現在回頭看，我不得不質疑自己的判斷力。在當時，進入這一行將近五年之後，我累積的淨值只有二萬美元出頭。現在我把這整筆錢賭在我的直覺上，即便我對這樁全新又未經測試的生意所知有限。南西和我剛買新房子，背了一大筆貸款。我們有三個小孩要養，扛下這麼沉重的財務負擔，風險很大。我沒有多少備用資金，和一個我喜歡且敬重、但是認識不深的人有各佔一半的夥伴關係。結果顯示，戴夫和我相處得如魚得水，至少在這方面，我的直覺很準確。我們有不同的意見，也不時有些相左的看法，但是我們享受這些年來的絕佳關係，結果成了私交甚篤的好友。

戴夫和我討論彼此應該分別從生意裡獲得多少錢。我們做出了決定，我會每年拿到一萬二千五百美元，他則是一萬美元。戴夫看得出來，我有一個新房子和一家五口要養，財務需求比他大多了。我非常感激他周到、體諒和無私的態度。

在組成合夥關係不久後，我們安排要再開設兩家漢堡王。我們缺乏財力開發房地產，因此必須說服投資者取得土地，在回租的約定下，打造我們的建築。早期的漢堡王建築看起來類似霜淇淋或沙士攤位，造價約一萬五千美元，土地平均約為二萬五千美元，所以願意給我們一個機會的房地產開發商必須投資四萬美元。假如生意失敗，建築對放款人、開發商或其他任何人來說都沒有多少用處。這對每個人來說，風險都不小，包括我們在內。

我們說服兩位不同的地主，替我們在邁阿密蓋兩家餐廳。第一家是在第八街西南六〇九一號，第二家位於第七大道西北八九九五號。兩家的開幕都沒有什麼大場面，這對我們來說令人大感洩氣。兩家餐廳都有供顧客使用的露天用餐區，不過大部分的人比較喜歡在自己的車內用餐。我們在荷姆斯特的美國一號公路旁開了第四家店。這裡距離邁阿密很遠，不過這個地點的地主願意讓我們在蓋一家漢堡王餐廳。

結果所有的新餐廳銷售成績都非常令人失望。此外，那些速食機器不斷故障，造成嚴重的生意中斷，使得我們面臨了嚴重的財務問題。每個月的營運報表在在說明了虧損的可怕事實，而且虧損的速度相當地快。大眾似乎對我們的概念不感興趣，而我們想不通為什麼。看來我們的生意是做不起來了。到了一九五五年年底，戴夫和我感到心煩意亂。我們遇上了財務障礙，而且我們心知肚明需要採取行動，而且要快。

然而，這是我私人生活的光明面。對我們的家庭而言，一九五五年是特別的一年。九月三日，南西生下了我們的第四個小孩，又是一個小女生，我們把她取名為蘇珊・伊文絲（Susan

Evans）。小蘇西很快就成了我們家的重心，她有三位疼愛她的手足和兩名以她為傲的父母在照顧她。潘快八歲了，已經在念三年級。有一天，南西帶著蘇西從醫院回家，琳恩是小學一年級第一天放學回來，她再過幾天就滿六歲了。我們兩歲的兒子惠特還待在家裡，就像任何那個年紀的好動小孩，需要持續關注。我們家庭美滿，小蘇西的加入讓大家更緊密地在一起。我設法不要讓事業的不如意影響到家庭生活。我必須撐住這一點，南西一如預期地帶領我們前進。

在我面對陷入困境的事業而擔憂恐懼時，南西以她特有的活力及正向態度，為我們六個人持續打造一個快樂又舒適的家。她如何利用我微薄的一萬二千五百美元薪資再扣掉稅金，設法經營一個家，著實展現出她的常識以及儉樸天性。她沒有幫手，料理三餐、負責採購，還要照顧家裡和小孩。這對任何人來說都是龐大的艱鉅任務，而她以不可思議的輕鬆態度完成了這一切。她總是有辦法在身邊的任何人面前顯得開心、愉快又樂觀。當戴夫和我迫切想讓公司走上獲利的軌道時，她的這種態度令我感到安心。

我們以惡劣的財務狀況拉開一九五六年的序幕。第四家漢堡王在我們野心勃勃的樂觀態度之下開張了，但是我們以許多不同方式運用了非常糟糕的商業判斷力。我們把我出資的二萬美元全部花光，而且承擔了額外的債務，到了這時候已經快要叫我們吃不消了。我們過度擴張希望四家餐廳會獲利，不幸的是，結果根本天差地遠。這四家餐廳全都沒有獲利，所以我們要處理大麻煩了。

在這時候，我們必須出去找資金來支持這份事業。到了一九五六年春季，戴夫和我成為事業夥伴已經超過十八個月了，但卻毫無進展。我們前途無亮，虧損持續累積。銷售降為赤字，我們努力在想辦法。好消息是，我們依然保持無畏的精神。我們相信，某種神奇事件會以某種形式發生，帶領我們走出困境。至於目前呢，最重要的是如何保住我們的公司，為了力挽狂瀾，我們開始四處尋找資金。

第七章

迫切尋找資金

當一九五五年接近尾聲，戴夫和我顯然陷入了嚴重的財務困境。南西的父親尼寇醫生設法幫助我們，投資三千七百五十美元購買公司股票，他也以百分之六的利息額外給我們一萬美元。幸好假以時日，我們有能力償還這筆錢，而且為了表示感謝，給了他一些股票選擇權，有益於他的退休投資組合。

一九五六年，每開一家新的漢堡王，我們都希望生意會蒸蒸日上，但是從沒發生過這樣的事。情況持續惡化，失敗的可能性逐漸逼近。我們絕望地嘗試一切辦法，想找出到底是哪裡做錯。很顯然地，我們大部分的問題是和漢堡王系統有關，那是我們從傑克孫維的克拉莫及伯恩斯承接過來的。這種速食設備問題多、效率低，而且不可靠。最後的下場是我們無法維持穩定的餐點及服務品質。情況就是不對勁。我們的菜單還行，但是有點普通，而且沒有多少是獨一無二、特別或值得注意的。現在回想起來，我們真的是平淡無奇。

我們在南佛羅里達州的銷售成績低落，主要原因是，當我們在提供的餐點出現這麼多問題時，我們無法確認大眾對於我們的低廉價格、有限菜單及快速服務仍能提起興趣。我發覺到我們的競爭對手在佛州以外的地區，開設了數量龐大的分店。這真是令人不解，他們何以如此成功，而我們在做著和他們相同的事情時卻困難重重？所有的事似乎都聚焦在生產問題以及餐點的品質及輸送。漢堡王在佛羅里達州其他地點的分店開張之後，銷售成績一樣低落。我將我們的問題歸因在，南佛州的皇家城堡（Royal Castle）公司已經取得絕佳的大眾接受度，還有頂尖的顧客忠誠度，而這大多是出自有效廣告策略的結果。

後來，我終於相信，我們的原始菜單價格策略從來不曾切中目標。我們競爭對手的一個小漢堡定價十五美分，而我們的是十八美分。在我們服務的市場上，十八美分不算是出色的價格。我相信我們在當時犯下的最大錯誤之一是維持高價，而不是想辦法設計十五美分的漢堡產品。

在當年，十五美分是一個神奇的數字，而皇家城堡及麥當勞都是活生生的證明。這麼說可以帶來些許的安慰，因為跟著進入佛州市場的競爭者遭遇到比我們還要慘烈的狀況。黃金屋（Golden Point）、亨利之家（Henry's）、紅穀倉（Red Barn）、漢堡城堡（Burger Castle）、比夫漢堡（Biff Burger），還有其他許多家進駐市場，維持了短時間便關門大吉。即便是很成功的連鎖餐廳，例如哈帝漢堡（Hardee's）和白色城堡（White Castle），在早期便想擴佔市場，但是全都不得不收手。佛羅里達州是一個強悍又極具競爭性的市場，在這裡開創像我們這種事業對任何人來說都是艱鉅的任務，即便對那些有經驗、資金、智識及勇氣而願意放手一試的人來說，也是如此。

許多家庭和各種年紀的顧客都察覺到，便宜的漢堡不可能美味無比，我們必須努力克服這項顧慮。另一個問題是我們的點餐付費系統，這令許多新顧客感到困惑，讓很多人覺得不舒服。為了明白顧客對我們的自助服務系統如何回應，我經常把車停在對街，坐在車子裡，以便觀察他們的反應。我得知我們的服務系統在當時算新穎，不過讓很多顧客感到困惑及惱火，他們非常擔心我們的工作人員是否能記得他們付了錢的餐點。這個問題要歸咎於速食票卡系統。

為了控制的目的，我們設置了一套系統。顧客點餐付費後，會收到印有序號的票卡。這時他們要等待領取餐點，顧客似乎不知道那些票卡是做什麼用的。比如說，一名顧客點了兩個十八美分的漢堡，收到兩張十八美分的藍色票卡、點一份十美分的炸薯條會拿到一張白色「炸物」票卡、紅色「飲料」票卡是軟性飲料用的，諸如此類。顧客經常不可置信地盯著付費之後換來的票卡，典型的反應是一臉懷疑的表情，我稱之為「聽著，我付錢買餐點，不是票卡，我要拿這些票卡幹麼呢？」更令人困惑的是，付錢取票之後，顧客被引導至另一個窗口，一名工作人員應該要準備好送出餐點了，不過他們經常必須要求顧客複述他們的餐點。這對於一個已經非常困難的狀況來說更增添了壓力，因為顧客不記得他們一開始點了什麼東西。

票券的點子是個糟糕的創意，很明顯，整套系統需要做改變，我們早該換掉這套傑克孫維系統了。最後我們做了改變，但這時有許多首次光顧的新顧客早已不再上門了。

情況越來越明顯，克拉莫及伯恩斯並沒有掌控服務問題、餐點品質，或是生產問題。我們沒有給予顧客他們所期待的，而我們因此付出了慘痛的代價。

戴夫和我做了決定，假如要以這套系統生存下去，我們必須加快它的速度，消除服務亂象。我們設計了另一套系統，讓我們能在顧客點餐之後的短時間內就能送出餐點。我們非常在意客戶對服務速度的要求，這成了我們在研發一套改良產品輸送系統時的主要焦點。我們的生意成功與否，依然有絕大部分要看我們能多快且精確地把餐點送到顧客手上。

我在一九五〇年代發明了一種說法，並且張貼在餐廳裡。這句話是說：「我們的顧客有兩種東西可花，時間和金錢，而他們寧願花錢。」在我們早期的訓練課程，以及我們想強調快速服務的重要性時，我經常使用這句話。

速食機器結果成了一場徹頭徹尾的災難。我先前說過這種機器難以捉摸的特性，不過我要說一起和速食燒烤機有關的事件。在我們開業的第一年，戴夫在開張之前才完成那部難以捉摸的速食燒烤機的相關調整。順利營業了大約一小時之後，機器就在戴夫站在它的前面時，開始發生故障。當他聽見金屬發出咆哮及扭轉的聲音，然後停了下來時，他勃然大怒。他主要是出自一股挫折感，伸手到工具箱裡，抓起一把他從童子軍時期便擁有的短柄小斧。斧柄上的名字是「戴維・伊格頓」。他氣到不行，將斧頭往後舉起，把斧刃砍進了不鏽鋼機器裡，將機器砸毀。戴夫大吼：「我可以打造一部比這堆垃圾更好的機器。」這話促使我回應：「那麼你最好趕緊打造出來，因為現在我們沒辦法做生意了。」

戴夫說到做到，真的打造了一部更好的燒烤機。他帶著他的想法，去找一位名叫卡爾・桑德曼（Karl Sundman）的瑞典裔技工，他開了一家設備齊全的機器商店。三週後，這兩人完成製作，打造出一部連續鏈燒烤機，既有效率又快速，具生產力，而且沒麻煩。直到現在，那個基本設計原理依然為所有漢堡王燒烤機設定了標準，而且它成了和我們類似的公司所使用的餐廳設備製造模型。

一九五〇年代中期，克拉莫及伯恩斯賣掉其他加盟店，在好萊塢、羅德岱堡、西棕櫚灘、墨爾本、匹茲堡、坦帕、奧蘭多，以及傑克孫維地區都開設分店。這些新加盟店經歷了和我們一樣的銷售問題及財務困難，我們都想撐到找出某些方法來讓生意走上更高的銷售成績及獲利能力之路。業績停滯、虧損增加，我們開始認為我們大家可能根本不該加入速食漢堡王。

根據我們的財務承諾，我們別無選擇，只能堅持下去走到底。失敗的威脅持續在面前揮之不去，我們希望未來會帶來新想法，能帶領我們走出困境。時間就要耗盡了，我們倆感到相當絕望。

我們都覺得只要獲得更多資金，或許能以這四家店的基礎成長，取得獲利能力。我們的計畫是開設更多餐廳，如此一來便能在達德郡地區宣傳推廣生意。尼寇醫生了解我們需要籌措更多資金的需求，他有許多次都設法把我介紹給很多朋友及患者，希望其中有人會有興趣投資我們岌岌可危的生意。戴夫和我有著相同熱忱，想擴張生意，即便我們知道取得更多資金的話，就必須改變我們的平等所有權地位。

一九五六年初期，我們的資金幾乎用完了，公司就算尚未破產，也相距不遠了。尼寇醫生在他家舉辦一場雞尾酒招待會，讓我有機會認識哈維．弗魯霍夫（Harvey C. Fruehauf）以及他的妻子安琪拉（Angela）。弗魯霍夫先生是位於底特律弗魯霍夫拖車公司發展的幕後推手。他在一九五〇年自公司退休，最近心臟病發之後，住在邁阿密海灘休養。我們那天晚上的造訪相當愉快。哈維熱愛談論生意，而且基於他對我們談話的熱忱，顯然我的漢堡王故事提起了他的興趣。他針對我的背景以及在餐飲業經驗方面，問了一些好問題。我把整個故事都告訴他。

在我們的交談中，他問了我一個直接的問題：「這個嘛，孩子，你還好嗎？」我告訴他，我們當時的處境很慘，並且說明我們碰到的問題。我提議給他看公司的資產負債表，它就躺在我的口袋裡。我說這會說明整個令人失望的故事。他瀏覽了資產負債表，立刻看出來我們的悲慘狀況。戴夫和我在這樁生意投資了四萬美元，但是我們截至目前的虧損把那筆資金花得一乾二淨。他看得出來我們破產了。我告訴弗魯霍夫先生，我們連帳單都付不出來了，但是至少在那個時候，我們的供應商一直在耐心等待。我說明假如我們要存活下去的話，需要更多資金。我強調這些資金能幫助強化財務狀況，讓我們能開設更多餐廳。我談到打造廣告行銷計畫，替生意帶來轉機。

哈維說：「這個嘛，孩子，你看起來像個知道自己想做什麼的年輕人。我可能願意投資你的事業。你建議我投入多少資金呢？」我請他考慮投資六萬五千美元，並且提議說，為了回報，我們會給他公司的一半股份，戴夫和我會持有另外一半。哈維毫不遲疑，表明他願意在我提出的條件之下做投資。他的快速決定以及擁有這位男士作為合夥人的可能性，讓我不知所措。額外的資金能拯救公司破產的命運。我們同意一週後在隆沃斯克洛公司（Lon Worth Crow Co.）的辦公室碰面。那是一家貸款銀行以及房地產公司，曾協助保全我們的一些地點。

一九五六年四月三十日，我們會面完成交易。哈維接下來要挑戰自己的智慧，和兩名他剛剛認識的年輕人投資他所知不多的生意。這時他要求再次檢視我們的資產負債表。我把表格遞過去給他，密切地觀察著他的表情。他的眼睛緊盯著右下角，上面寫的資本帳證實，邁阿密漢堡王公司幾乎破產了。他顯得有點困惑，抬頭看著我說，雖然這是相當冒險的投資，他願意這麼做，因為他對我們兩個有信心。這時他簽了一張六萬五千美元的支票，把它交給我。就我而言，這是一筆鉅款，很可能是我們期待的大好機會。

這起特別的事件開啟了我個人生命中重要的一章。從這時候起，哈維成了我的摯友及良師，並且持續到他在一九六八年過世為止。在那段艱苦卻刺激的早期歲月，他的友情、忠告及建言，對於漢堡王的發展、成長、擴張及成功非常重要。哈維在公司從來不曾扮演活躍的角色，但他總是一路陪伴。他的耐心及理解的特質幫助我們思考策略，日後成了我們非凡成長及成功的基礎。

我喜歡相信我們共享的個人關係，對他來說和對我而言一樣很重要。他是個周到又體貼的人，很會看人。我很幸運能和他共度這些年，獲得他的睿智建言。

哈維在漢堡王的投資就像戴夫和我的投資一樣，在某個時期幾乎血本無歸，不過最終我們都成了大贏家。哈維相信「把所有的蛋都放在同一個籃子裡，然後留神觀察這個籃子」。他有很多這類簡潔有力的箴言，也有很多不假修飾又實際的忠告。我從他身上學到很多，不只是關於適當又合理的生意原則及規矩，還有正派且道德經營的重要性。

我相信哈維可能損失六萬五千美元的投資而從來不去惦記這回事，我也確定他會樂於見到他在漢堡王的投資到後來倍增的程度。一九六七年，當我們和貝氏堡公司（Pillsbury Company）合併時，他的投資價值將近一千萬美元。把股利累積算進去的話，在貝氏堡公司期間的成功，以及後來大都會公司在取得貝氏堡的投資之際，價值超過一億美元。哈維會很享受這些，主要不是因為這代表了很多錢以及他的投資獲得高報酬，而是因為他喜歡把信念和判斷力下注在第一直覺上，而且贏了！我懷疑他的真正喜悅會反映在我們的早期成長及發展之上，當時公司正值發展初期，努力想找到它在工商業世界的地位。

戴夫和我運用最初由弗魯霍夫先生提供的資金，又開設了三家漢堡王餐廳。第五家店的開張鼓舞了我們迫切需要的士氣，因為那個地區的營業額優於我們原本開設的四家店之中任何一家，雖然我們在七家店之中的六家，銷售成績證明令人大失所望。就算使出渾身解數，我們就是似乎無法提升餐廳銷售的程度。現在開設了七家店，而且銷售成績令人無法接受的低，我們又開始虧損了，並且似乎沒有任何理由去期待這種情況能有所轉變，除非我們想到不同的創新方式來經營生意。我討厭我們投入了哈維的全部資金，結果卻得到如此不起眼的成績。

截至那個時間點，我在商場職涯承受過多次失敗經驗的屈辱，而這令人感到難以消受。在三個不同時機出現這些計畫不周的生意想法，讓我瀕臨破產邊緣。就目前的狀況看來，我似乎可能面臨第四度破產。我的自信及自尊陷入低潮。我要在什麼時候才能遠離險境呢？

或許我太傲慢自負。我在二十一歲從事YMCA的第一份工作時獲得極大的成功，大到我決定轉換跑道，進入一個不切實際的情況。我在殖民餐廳的成功恢復了我的信心，但是我在布里客爾橋餐廳再度失望，而且差點再次失敗。我在速食漢堡王的最初投資，則讓我面臨第三度破產。

我告知哈維我們所做的每一件事。我分享我們對於生意狀況的失望，告訴他情況有多糟。

我沒有成功達到承諾的結果，那教我萬分難受。我們把哈維的資金投入了三家新店，相信這會讓生意轉而獲利，但是最後的結果並非如此。

現在回顧當時的情況，無可否認的是我們採取了非常糟糕的商業判斷。我長期以來都有這麼做的紀錄。樂觀取代了判斷力，我們沒有把哈維的部分資金拿去清償高築的債台，而是把一切都投入打造三家新分店。

我們再度瀕臨破產，財務困境每天都變得更嚴重。有天晚上，我和哈維分享我的顧慮，我說明我最大的失望是有可能賠掉他投資的每一分錢。我看重他對我的信心，而最後卻證明我們不值得他的信任，這令我深感困擾。他告訴我，比起他自己，他更擔心的是我。他鼓勵我正向思考我的人生，以及這樁生意的未來。他特別強調，不要替他擔心，並且提議說，假如我繼續展望未來，讀《聖經》，祈求一點指引，事情就會有最好的結果。當我在這些驚慌失措及氣餒的時刻，哈維給了我我所需要的激勵與支持，我永遠不會忘記我在與這位善心紳士的關係中獲益良多。

在眾聲喧譁的年代，企業家能送給自己的最佳禮物是正向積極。背負重擔不可能參加賽跑，而失望及自責是肩上最沉重的負擔之一。從錯誤中學習、堅守信念，不去理會那些似乎會讓你遭人踐踏的可能性。保持你的信心，負面思想會帶來負面結果。

第八章

華堡誕生

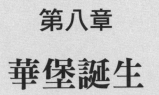

戴夫和我不斷地思考，要如何逆轉這個絕望的情況。克拉莫及伯恩斯也遇到了許多困難，他們在好萊塢、羅德岱堡及棕櫚灘設立的五家漢堡王餐廳，情況都比我們的還差，坦帕及奧蘭多的狀況也不佳，而他們自己的傑克孫維餐廳營運也沒好到哪裡去。

戴夫和我不得不看清，漢堡王系統根本沒有任何真正的活力可言，更別提任何顧客吸引力了。一九五七年初，克拉莫及伯恩斯在佛羅里達州根茲維開了一家組合屋漢堡王餐廳，地點在佛羅里達大學的校園附近。他們的想法是，萬一餐廳在原地點無法成功經營，組合屋還能搬遷到另一處。這種消極的嘗試對於改善整體系統根本沒有任何用處。然而，這卻引發我們做出打從三年前創立事業之後，最重要的一項決定。

組合屋裝設並開張不久後，戴夫和我在多次前往傑克孫維造訪克拉莫及伯恩斯的某趟回程中，我們過去看了一下。我們在那裡待了短短幾個小時，根本沒看到有顧客上門。我為了找點事情做，走出了這家新漢堡王餐廳，沿著街道張望另一個街區。在不到一百碼之外，一家開車點餐的餐廳前面有一長排的顧客，站在那等著上門光顧。我注意到有個招牌展示一個大漢堡，所以我決定沿著街道走過去看個究竟，跟著排到隊伍裡。那家餐廳破舊又骯髒，工作人員的外表打扮令人不敢恭維。停車場沒有鋪面，所以車子一開，塵土便揚起，讓那些排隊或坐在車子裡的人都感到不快。男士洗手間位在建築外面，那扇門勉強靠一只鉸鏈掛在那裡。這地方一團亂，但是我一直看著等待點餐的長排顧客。這些人為什麼擠在這地方，而沿街往下走一百碼的新漢堡王卻沒有生意上門？

我排著隊，注意到剛拿到餐點的顧客提著袋子出來，裡面裝著一些大漢堡。我點了兩個，一個給我自己，一個給還坐在漢堡王店裡的戴夫。我打開了漢堡包裝，看到一大塊五吋的麵包上有一片四分之一磅的漢堡肉，搭配生菜、番茄、美乃滋、醃黃瓜、洋蔥和番茄醬。咬了幾口之後，我不難理解為何這些顧客都提著滿滿的一袋出來了。這個漢堡很大，而且非常美味。我沿街走回漢堡王，嘴裡還津津有味地嚼著那個大漢堡，並且帶了一個給戴夫。我對它的美味留下深刻印象，想聽聽戴夫的看法。新漢堡王還是沒有任何客人上門，戴夫沒別的事好做，於是打開了他的漢堡，和我一樣吃得心滿意足。就在這時候，我開始有了一個念頭，這將對我們的事業形成最重大的影響。

戴夫和我看夠了組合屋漢堡王，我們便上了車，往南開往邁阿密回家。我們在州內的許多旅程中，戴夫總是負責開車。我在置物箱有一小瓶波本威士忌，所以我倒了一點到剛才在加油站買的七喜汽水裡。我滿腦子想的都是剛吃掉的那個又大又美味的漢堡，而且我越想就越熱衷於在心裡逐漸成形的一個念頭。

當我們行經米卡諾皮的小社區時，我感受到高漲的情緒。我想到把配料豐盛的大漢堡引進我們的邁阿密餐廳，可能是個好主意。我把這個想法告訴戴夫，他隨即表示贊同。我提議把我們的產品取名為「華堡」（Whopper），因為這能傳達出豐盛的意象。我也建議在漢堡王的名稱底下，設置標示寫著「華堡之家」（Home of the Whopper），意指我們的新產品是餐廳招牌菜。我們倆都同意這樣非常合理。我們抵達邁阿密時，早已過了半夜，雖然疲憊，但是對我們把華堡放到菜單上的計畫感到興奮不已。

我們一有機會就做了安排，更動七家餐廳屋頂上的招牌。不到幾天，我們便在每家店前面設置了木製A型看板，上面寫著：「全新華堡，三十七美分。」戴夫和我的想法是，三十七美分加上兩美分的營業稅，華堡的價格會剛好低於四十美分，我們相信這可能很接近價格上限了。幾週之後，我們把價格提高到三十九美分。在當時，我們無法想像未來有一天，這項產品會成為全美，甚至是全世界最受歡迎及廣為人知的漢堡。

我們為華堡寫了產品規格。在回來之後的數天內，七家餐廳全部開始供應這種新漢堡。從那天起，我們的生意開始有了起色。華堡從一推出便大為成功，而這就是我們期待的那個喘息空間。我們知道自己找到了未來成功的關鍵。

大約在推出華堡的那段期間，我們把不可靠的速食奶昔機換成一批新的珊來斯（Sani-Serve）奶昔機。戴夫的新燒烤機不僅加快了我們的餐點生產線速度，它也讓我們能同時製作華堡漢堡肉以及一般的肉餅。要是他沒有發明這部燒烤機，我們在推出華堡時可能會遇上困難。這兩部新機器幫助我們改善工作人員的整體生產力，但是最重要的是顧客認可我們的服務速度加快了。推出華堡對我們的生意產生莫大的影響，快速成長的顧客群等同一再的保證，最終一切都會順利成功。

即便在華堡的歷史性登場之前，我們早已不再聽命於捷克孫維的指揮了，而州內幾家現存的加盟店也早就改為聽從我們的管理，在我們努力求生那段時期所需的創新及改變，完全出自於我和戴夫。推出華堡只是我們設法改善生意的許多創意點子之一，但是結果成了我們真正的救星。戴夫和我告訴克拉莫及伯恩斯，我們要擺脫速食機器和他們出了名沒效率的票卡系統，並且告知他們從這時候起，我們會替餐點產品和設備寫出我們自己的規格。

我們也讓他們知道，我們可以替餐廳營運設定自己的標準，而且在未來，我們也能設計自己的建築，戴夫．伊格頓所寫的操作數據手冊成了管理我們餐廳營運的聖經。我們最後決定不再需要傑克孫維的支持，也告知了他們。他們能理解，甚至似乎很高興我們承擔起這種領導地位。在我們做出的所有創新改變之下，相關人士顯然認為從現在起，漢堡王的未來新方向會來自邁阿密。現在我們在全州各地的餐廳供應華堡，把速食標誌拿掉之後，我們就簡單地成了漢堡王——華堡之家。

幾個月過去了，我們的商業活動及銷售以驚人的速度成長。戴夫和我對未來也信心大增了。

⊙ 他們的合夥關係

「吉姆和我是很棒的合作夥伴。我負責出差、吉姆處理貸款和銀行事務；我會找地點，帶著數據回來，然後他會設法開始籌措資金；我負責操作、設備，最後打造物資供應站。我們有一個龐大的製造工廠，組合所有的設備以及建構組件，而且為了把工作完成，這似乎有必要。」

——戴夫·伊格頓，《火焰雜誌》（*Flame Magazine*）

第九章

早期加盟

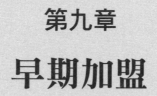

我們推出華堡之後，公司捲入了一件和佛羅里達州政府之間的爭議，是關於我們申報所收取的營業稅。我們無從得知從每位消費者交易收取了多少總稅額，於是採用營業稅部門給我們的公式。這個公式告訴我們每個月要付給他們多少錢，而且我們也如實繳納。三年後，他們斷定他們的公式有缺陷，並且說我們欠他們八千三百零四美元，包括利息和罰款。我們沒有這筆錢，不過在協商之後，他們接受了一百六十八張遠期支票，解決了他們的要求。問題出在於接下來的二十四個月裡，每個月需存入的七張支票。這加重了我們已經負擔沉重的財務狀況。

差不多在同一個時期，有一位來自辛辛那提，名叫查理．克瑞伯斯（Charlie Krebs）的人走進我們的辦公室，詢問我們的第五家漢堡王餐廳是否要出售。我們依然迫切需要現金，他提出兩萬美元的現金要買這家店。經過漫長的討論之後，戴夫和我接受了這項提議，簽下合約，讓它成為加盟主。直到那時為止，戴夫和我向來認為就營運方面來說，所有餐廳都是公司的直營分店。查理同意每個月付給我們百分之二點九的權利金，以及銷售額的百分之二作為廣告費用。我們的合約要求他根據我們的運作數據手冊規劃標準來營運餐廳，他的加盟合約中便附有一份。

我們忽然間加入加盟事業了，不過這一次的身分是加盟授權者。克瑞伯斯買下第五家店，接下來大家對漢堡王的興趣日益增長。我們認為大部份要歸功於推出華堡之後帶來的銷售提升。查理從買下那間店的那天起，就表現得很出色。他對其他人談起他的成功，有幾個也有興趣買下我們剩下的幾間餐廳。面對我們的所有問題，賣掉我們擁有的餐廳似乎是解決財務困境的最佳辦法。我們覺得這會讓我們達成主要目標，即增加南佛羅里達州的分店數量。我們想盡快這麼做，這樣才能開始推廣我們的事業。額外的餐廳會帶給我們更多購買力。我們預期收取的權利金收入有助於支付管理費用，而且加盟費用會成為公司的主要收入來源。

賣掉第五間店之後，我們隨即做出了策略性決定，把所有的重心及焦點放在加盟部分。我們很快便陸續賣掉剩下的四家店，而且幾乎是不費吹灰之力。賣掉這些店並且收到款項之後，我們打造更多的漢堡王，用來作為加盟店，讓生意盡可能快速成長。一九五七年是分水嶺，當時我們從一家單純的餐廳經營公司轉變成一個完全投入餐廳加盟概念的組織。這是在對的時候做出的正確決定，我必須說偶爾做幾件聰明的事，感覺真不賴。

克拉莫及伯恩斯賣掉他們在羅德岱堡、好萊塢及西棕櫚灘的加盟店。這些經營者依然背負著沉重的營運及獲利問題。他們想出售，取回他們的部分投資，於是他們來向我們尋求協助。我們同意接手重新改建，以便尋找其他加盟主來買下他們的股份。克拉莫及伯恩斯樂於核發一份新地區執照，授權我們在東岸的棕櫚灘、布勞瓦及門羅郡，以及西岸幾個其他的郡，建造並營運更多的餐廳。在這個時候，我們積極投入在達德郡打造非常成功的事業。這份新合約給了我們專屬權，在整個南佛羅里達州地區設立漢堡王餐廳。

對克拉莫及伯恩斯來說，這十分有利，因為我們讓他們很有面子。我們的成長及動力令人印象深刻，而我們在傑克孫維的同僚密切注意我們所做的一切。現在對於相關人員來說很明顯的是，所有新鮮又富創意的想法都來自邁阿密。另外同樣顯而易見的是，克拉莫及伯恩斯無法實踐他們的責任，對這個系統提供正確的統御力。

我們的傑克孫維同事尤其關注哈維．弗魯霍夫將資金投入我們的公司，而且他們在許多場合都跟我們談到這件事。他們也很佩服我們在推出華堡之後，餐廳業績大幅增加，還有穩定的展店速度。他們決定跟隨我們的腳步，決定和傑克孫維地區極受敬重的當地商人班．史汀（Ben Stein）簽訂合夥合約。史汀先生同意在他們的佛羅里達州漢堡王公司做百分之五十的股權投資，並且借公司一大筆錢，以便協助擴張業務。

這筆資金挹注之後，克拉莫及伯恩斯在傑克孫維地區又設立了六到七家漢堡王餐廳。不幸的是，他們選擇了許多位置不佳的地點，結果銷售成績低落，而這些餐廳管理不善也使得情況更為複雜。他們沒有建立起一套訓練良好的工作人員、經理及監督者的方法，在他們的領導下，這些新餐廳從來不曾帶給大眾好的餐點或服務，他們甚至根本不知道該如何提供。過了不久，這家公司發現自己處在危險的財務狀況之中。

克拉莫、伯恩斯以及佛羅里達州漢堡王發現他們陷入了難堪的境況，無法償還史汀先生的借款，史汀先生因此不得不接管公司，試圖挽救自己的投資。在這個時候，克拉莫及伯恩斯被迫退出經營。這項領導地位的改變需要戴夫和我直接與史汀先生，還有那個留在原地的脆弱組織打交道。

我們發現和史汀合作很愉快。他是精明的生意人，我向來覺得他對我們毫無偏見又直來直往，史汀的問題在於他接手了一樁他所知不多的餐飲生意。我們在南佛羅里達州的餐廳，顯然是當時的漢堡王之中，規模最大也最有前途和發展的餐廳。

在佛羅里達州的其他部分只有為數不多的加盟店，漢堡王尚未擴展到州外。史汀的手邊有一個嚴重的問題，他的漢堡王事業差不多沒希望了。為漢堡王系統的餐廳建立適當的營運標準應該是傑克孫維母公司的責任，但是他們的標準及慣例從來不曾白紙黑字寫下來。漢堡王加盟店基本上可以恣意而為，結果就是整個系統處於毫無組織及混亂的糟糕狀態。

戴夫和我察覺到，除了我們建立的加盟店之外，其餘的都得自求多福。他們完全不知道如何有效地經營餐廳，使得大部分都處於破產的邊緣。我們偶爾和史汀碰面，討論漢堡王的未來，而討論的方向總是會往全國加盟發展的想法而去。我們在南佛羅里達州已經夠忙了，沒多少時間和史汀坐下來，認真提出任何具體的提案。

這時出了件令人不愉快的事，佛羅里達州傑克孫維體系的漢堡王佔用我們的「華堡」及「華堡之家」名稱，在華盛頓註冊這些商標名稱。我們並未察覺到他們已經這麼做了。我想要是我們知情，我們可能會提出異議，雖然我懷疑我們是否會真的這麼做，因為我們目前無意離開南佛羅里達州。我們的興趣聚焦在改善整個漢堡王系統，覺得這最終會對我們有所幫助，至少暫時如此。

我們覺得假如華堡和我們其他適合的想法，包括與餐廳、建築設計及設備採購相關的部分，對我們會有幫助，那麼對整個系統也會有所助益。問題是在我們影響範圍之外的加盟店，不知道要如何執行我們的想法。

一九五九年，我們快速成長，而且我們全新、現代又成功的餐廳開始出現在南佛羅里達州各地。我們不斷成長的據點，在本地居民以及許多外地來到邁阿密的觀光客眼中，都變得更加顯著了。這讓大家開始打聽在國內其他地區開設加盟店的可能性。我們樂於和這些人討論，讓他們看我們在南佛羅里達州的餐廳營運；但是當他們問到加盟機會時，我們只能把他們轉介給史汀。

這些潛在客戶有許多去了傑克孫維，參觀他們的設備，討論他們對加盟的興趣。但是對他們顯而易見的是，傑克孫維的餐廳營運不佳，而且不如他們在南佛羅里達州看過的餐廳那麼生氣勃勃又吸引人。史汀的問題是，他和他的公司員工都無法和這些潛在客戶聰明地討論，說服他們加入漢堡王事業。

傑克孫維餐廳的不良印象，不斷讓我們轉介去史汀先生公司的人感到灰心又洩氣。他們從來沒有向我們送過去的那些人賣掉任何一份加盟權。

史汀對於無力將我們引發的興趣轉變為加盟銷售，感到越來越沮喪了。和許多有興趣的潛在買家碰面後，他偶爾會打電話給我，提議戴夫和我負責營運的加盟端。他明白我們是唯一有餐飲經驗和專業並能夠這麼做的人，他看見也羨慕我們在南佛羅里達州的事業是如何快速及成功地成長。

一九五八到一九六〇年這段期間，史汀和我討論我們接管漢堡王全國發展的部分，但是我們從未在共同利益的計畫上達成協議。這並非那時的當務之急，因為我們已經有太多要完成的事了。我們在南佛羅里達州面臨艱難的處境，而且還有許多地區要拓展。現有的加盟主表現很好，我們有更多加盟店的大量需求。在當時最重要的是，我們的公司終於轉虧為盈了。我們並不急於面對任何新風險。

一九五九年末期，發生了一起意義非凡的事件。雖然當時我們不知道，這起事件的未來衝擊會落在我們逐漸成長的事業上。這件事是美國第一架商用噴射機載客服務的開始。這些波音七〇七噴射機屬於泛美世界航空所擁有，並且提供服務。在當時，泛美是國際性運輸公司，並未獲取授權飛行美國國內航線。他們尋求最大化新波音七〇七的使用率，於是和位於邁阿密的國家航空簽訂交換協議，讓泛美噴射機從紐約的艾迪威爾德（現更名為甘迺迪）機場飛到邁阿密，再啟程飛回紐約。

我們在當時並未針對這件事想太多，但是它的早期國內噴射機航線服務注定會對漢堡王的全國性發展產生重大衝擊。這起歷史性的事件開啟了一個新時代，在邁阿密及各地主要城市之間出現了便利的直航噴射機服務。在短短幾年內，邁阿密的商務人士可以快速、舒適又便利地飛往全國各地城市，這也開啟了將我們的漢堡王事業擴展到國內其他地方的可能性。一九五九年時，邁阿密還是一個度假勝地，一切都以滿足觀光的交通需求為主，但噴射機提供邁阿密商業發展的重大機會，我們是注定要一飛衝天。

當邁阿密機場成長、噴射機服務擴張時，戴夫和我對史汀提出要我們接手全國性漢堡王發展的建議，產生了更大的興趣。我們擴張版圖時的一個主要後勤障礙已經快速消除了，不久後，我們就能又快又輕鬆地前往美國的各主要市場，而且在日後更前往世界的許多城市。

我打算和史汀協商，擬定一份合約協議，但是我覺得還不急著這麼做。在當時，一九五〇年代即將結束，我們開始思索一九六〇年代會帶給我們什麼。我們的第一優先是在位於南佛羅里達州的總部附近設立大型的漢堡王連鎖餐廳。戴夫和我都知道，我們需要在家鄉擁有可獲利餐廳的扎實基礎，然後才能考慮進軍到佛羅里達州之外的陌生市場。假如我們最終決定要冒這種險，我們要對這件事慎重考慮，然後才全力投入。

就在我們即將往前跨出一大步時，我思考我們是如何設法把這種重大改變植入公司的。對我來說，答案似乎在於打造強壯的基礎。當事情的結果和原本計畫的不同時，我們不只是從一個商業點子走到下一個。我們深入探究過程、評估弱點，而且不只是鞏固強項，也要尋求進步。

第十章

加入廣電世界

一九五八年的前幾個月，我們開始銷售南佛羅里達州的加盟店，這使得我們開始展開一些小規模的廣告活動。電視不用想，價格依然太高，因此我們決定利用廣播展開一項廣告企劃。戴夫和我請我們的加盟主一起參與整個過程，我們一起和一家廣告公司碰面，構思出一首廣告歌曲，很快在邁阿密地區就變得家喻戶曉。這首歌的內容是：

有家漢堡王在你身旁
服務只要六十秒
漢堡方圓數哩內最棒
火烤非油炸，聽起來怎麼樣？
漢堡王，漢堡王，漢堡王！

這首廣告歌的曲子讓人琅琅上口，非常受小孩的歡迎。這項早期策略開始將漢堡王定位在吃漢堡薯條的好去處。

一九五八年晚期，我們的規模大到足以推出第一支電視廣告。我們的策略是繼續以小孩為目標，推出漢堡王的故事。我們長期看到位於邁阿密的皇家城堡系統的出色成績，他們當時在東南部經營數百家餐廳，其中有許多都位在南佛羅里達州。一九三八年，威廉・辛格（William D. Singer）在邁阿密創立皇家城堡，總部就位在邁阿密，最遠的分店位在路易斯安那州。他們快速成長，變成美國東南部最大的連鎖餐廳，這也使得他們成為邁阿密地區的強大競爭者。

一九二一年，白色城堡系統創立於堪薩斯州威奇塔，而皇家城堡是它的早期複製版，白塔、克里斯多城堡及塔多屋也是這個著名概念的複製版本。這些餐廳在國內各地相當成功，這個概念也在一九三〇到一九五〇年代快速成長。他們的特色產品是一個十八分之一磅小漢堡，蒸烤之後放在一小塊軟麵包上，再搭配熟洋蔥。在皇家城堡，「麥根沙士」是盛裝在一只結霜的馬克杯裡。這些櫃檯點餐服務的小餐廳只有十個座位，每天二十四小時營業，分布在戴德及布勞瓦郡的各個主要十字路口旁。

他們的菜單也包含了現榨柳橙汁以及各式快餐，因此在早餐及消夜時段很受歡迎。他們不分白天夜晚都十分忙碌，公司非常成功。就算有任何問題，也都在不斷變化的美國環境中順利解決了，因為顧客更常外食，但是要求一種風格比較不一樣的餐廳服務。皇家城堡公司的問題是，他們是否能提供這種服務呢？

當漢堡王在一九五四年開始營業之後，皇家城堡在我們的市場上擁有最多餐廳據點。他們有優秀又有效率的行銷人才，許多廣告都以小孩子為目標。在一九五〇年代，皇家城堡是邁阿密最受歡迎的兒童電視節目，是由史基普・恰克・辛克（Skipper Chuck Zink）主持的《史基普・恰克的卜派劇場》（*Skipper Chuck's Popeye Playhouse*）的重要贊助者。

這個節目於週間的傍晚五點，在CBS附屬頻道及邁阿密第一個電視台、第四頻道播出。由小孩組成的現場觀眾大受歡迎，家長必須在一年多之前先預訂，他們的孩子才有辦法參加。皇家城堡可說佔有兒童市場，儘管我們很想分一杯羹，還是完全不得其門而入。我們知道要爭取到電視上的那些小孩並不容易，我們每個月只有不到一千美元可花！這根本不夠上電視，更別提贊助像是《卜派劇場》這樣的節目。

一九五八年，我們同意贊助一個打對台的兒童節目，叫做《吉姆杜利秀》。杜利先生也擁有兒童觀眾，節目裡有一隻名叫莫克先生的黑猩猩，滑稽的動作總是逗樂觀眾。我們和杜利先生碰面，很喜歡他，立刻便願意成為贊助者。我提出的唯一條件是，每次現場播出時，我們要能夠送去一整袋滿滿的現做華堡。吉姆同意了，因此在平日的某個特定時間，我們的快遞員會帶著裝滿華堡的紙袋，送到攝影棚。

現做的華堡有種迷人香氣，聞起來和嘗起來一樣棒！莫克先生顯然大表贊同，因為只要攝影棚的門一打開，華堡的紙袋抵達，莫克先生聞到了氣味，就會發狂地期待他的餐點。他會抓住紙袋，撕開來，盡快大口吞嚥那個大漢堡。孩子們總是開心地看著這個精采畫面，吉姆也是。我確定電視機前的觀眾和攝影棚觀眾一樣都喜歡這一段。

我認為每天的華堡段落是這個節目最精采的部分，對我們在總部的每個人來說更是如此。我們付費的每分鐘廣告，至少收到三分鐘的效果。多虧了吉姆．杜利和第十頻道，漢堡王的名稱開始獲得一點地方知名度，在南佛羅里達州也開始嶄露頭角。我無從得知，但是這可能帶給皇家城堡某些壓力。

一九五九年晚期，我接到來自辛格先生的來電，邀請我和他共進午餐，地點在與他們新建的烘焙坊及員工餐廳相鄰的皇家城堡新辦公室。他們的宏偉大樓和我們位於海厄利亞的第十家最新漢堡王分店距離非常近，我很榮幸接到他的邀請，並且樂意地接受了。辛格先生擁有當之無愧的聲譽，是邁阿密最重要及受人敬重的市民之一。他是精明的生意人，在許多方面都十分傑出。共進午餐時，他告訴我他打造皇家城堡系統的故事，以及它是如何成為這麼成功的連鎖餐廳。

我們就餐飲服務業現有的變化交換看法，並且非常開放與衷心的討論了許多相關的議題。我告訴他，戴夫和我正在設法成功打造漢堡王，並且讓他了解我們對未來成長的渴望。這是非常坦率、開誠布公及友善的討論。在稍後的對話中，他問到戴夫和我是否會考慮出售我們的公司。我不需要對這件事情多加考慮。我告訴他，我們已有計畫，要以獨立公司的身分又快又好地成長。

辛格先生顯然相信，我們的漢堡王概念具有相當豐富的未來潛能。當時我想辛格先生或許覺得，皇家城堡已經達到人氣及大眾接受度的巔峰。這純粹是我個人的推測。

在我們的午餐聚會過後幾年，皇家城堡進行普通股的首次公開募股，這時辛格先生出售他在公司的全部財務投資。在公開募股後，公司陷入了困境，開始持續走下坡。到了一九七〇年代初期，公司便不復存在了。這樣的故事是一種強烈提醒，時代會改變、市場會改變，企業也必須改變才能跟上時代。皇家城堡不復存在並不是一個令人愉快的消息，不過我總是將一家曾經得意、茁壯又充滿生命力的公司就此消逝，視為一種嚴厲的警訊，各地業界人士應保持警覺，並且對顧客的要求做出回應，否則將承受結束營業的羞辱與難堪。

我拜訪了辛格先生之後，皇家城堡決定停止對《卜派劇場》的長期贊助。這項驚人的消息一傳出，我們的廣告代理商休姆、史密斯及米寇貝瑞（Hume, Smith and Mickleberry）便打電話給我。這個情況為漢堡王提供了一個大好機會。直到此時為止，皇家漢堡可說獨佔了兒童市場，他們在兒童與家庭之間打造了堅固的忠誠度。戴夫和我都同意，贊助這個節目是將那份忠誠度轉移到漢堡王的難得機會。

我們的問題主要是在贊助該節目的高成本。這會比我們曾經考慮過的廣告費用還要高出許多。然而，這機會太好了，不容錯過。當代理商還未在電話那頭告訴我們發生了什麼事，我們就告訴他我們答應了。我們會買下這節目，稍後再想辦法看要如何支付這筆錢，結果這決定成了我們早期營運的轉捩點。成為兒童最愛的餐廳是一個令人羨慕的地位。許多年後，當麥當勞以他們最出名的小丑，雷諾．麥當勞，把自家廣告導向兒童市場時，也發現了這一點。這個聰明的策略有助於將他們公司的顧客接受度推向驚人新高度。兒童的認可是在成長的餐飲市場中，發展正確行銷策略的重要因素。進入一九六〇年代之後，我們即將體認到這件事。

我對恰克．辛格以及他的正直向來深懷敬重。在他答應第四頻道接受漢堡王為節目的新贊助者之前，他堅持先和戴夫與我見面。他造訪我們的餐廳，和我們的幾位經理交談，讓他能安心地認為，我們所呈現的形象對他的觀眾來說是正當的。我喜歡這種道德取向的廣告，我說服恰克，我們不會辜負那番信任。我向他保證，我們會承擔起我們的責任。

我們贊助《卜派劇場》，直到它在大約十五年之後從螢幕上消失為止。當節目結束時，我寫了一封信給沃米特寇公司（Wometco Enterprises）創辦人及董事長，以及WTVJ第四頻道的老闆，米契爾．沃夫森（Mitchell Wolfson），讓他知道在我們多年來的贊助關係之中，我們對於和恰克及他的節目的持續關係有多感激。沃夫森先生把我們的信拿給恰克看，而在多年後，恰克告訴我，這封信對他而言意義重大。

恰克．辛格將永遠是大家心目中極受敬重的電視人，因為正直能讓人在一生中成就無數。對於恰克來說確實如此。這份重要的行銷經驗以及我們在兒童電視廣告的試驗，對我們在全國擴展的早期階段很有幫助。在我們將漢堡王的訊息傳遞給孩子們時，也因此學到支持優質節目的價值。

戴夫和我確保我們的企業跟上市場趨勢，結果讓我們的企業成功在向上流動的階梯成功地更進一步。我們了解我們最堅定的愛好者，而且當機會來到時，我們能夠帶著道德接近它，和能夠分享相同願景的正確夥伴一起，展現對自己的品牌最強烈的敬意。

第十一章

比賽開始

我們的電視廣告對南佛羅里達州的公共意識造成重大的衝擊。在銷售及獲利穩定成長的情況下，我們開始收到加盟的大量要求。這些需求鼓勵我們進一步思考將漢堡王引進國內其他各地的可能性。戴夫和我在這一切之中看到了一個好機會，而且我們有信心有這份能力好好發揮。然而，我們依然痛苦地察覺到，這是班．史汀的挑戰與機會，不是我們的。我們依照過去的慣例，繼續把未來的加盟主轉介到傑克孫維，即便他們造訪那裡之後毫無結果。

一九五九年，史汀顯然在沮喪的狀態之下打電話給我。他說：「吉姆，你知道我們無法把這些人留在漢堡王企業裡。你送了很多對加盟企劃有興趣的人過來，但是我們不知道要如何讓這群人加入我們。此外，我們沒有一個組織能處理這件事，即便我們確實有必需的背景和經驗。你和戴夫何不把它接手過去，在我們雙方都能接受的基礎下，和我一起合作。」

我問他的心目中有哪種安排。他的想法是，我們可以把加盟權賣給有興趣的可能人選，把他們安置在企業內，向他們收取權利金，然後只和他分享權利金部分。他提議平分，我們雙方各得百分之五十。他會把整個國內交給我們，以任何我們認為合適的方式去開發。我告訴他，我們不能簽訂這種合約，因為我們的百分之五十權利金不足以支付我們服務這個系統的支出。我問他打算把他的百分之五十權利金拿來做什麼，他的回答很簡單：「什麼也沒有。」這是個荒唐的提議，我這麼對他說，並且又說我們沒興趣簽訂這種一面倒的合約。我設法對他說明，少了必要收入來充分服務加盟主，這套系統注定會一開始就失敗。我不認為他同意這種說法，或者甚至花心思去理解，不過把話說清楚之後，我們就把這個想法拋在腦後了。

戴夫和我繼續把可能的人選送到傑克孫維，而在仔細看了管理不善的傑克孫維營運之後，他們全都氣餒地打消念頭離開了。他們領悟到，史汀的公司無法成功地帶他們入行，而且一旦加入之後，也無法期望得到任何服務。史汀的挫折感越來越嚴重，他持續打電話給我，試圖談好條件，讓我們接手漢堡王的全國發展。我堅持拒絕考慮這種不平衡的安排。

幾個月過去了，眼看毫無進展，他終於在一九六一年年初打給我。「吉姆，我明天要去邁阿密。你要到楓丹白露飯店和我共進午餐嗎？我想解決由你們開發國內漢堡王的問題。只有你和戴夫擁有組織技能及實際知識能擴展這個企業。我在這方面有些新的想法，所以我們應該有很多可以討論的。」這次的會面聽起來像個好主意，因為我們是如此迫不及待想接管這個局面，正如他也等不及要我們這麼做。我們需要的只是做出一個公平的安排。

隔天我們碰面了。我們還沒入座，史汀就直接切入重點。「好吧，吉姆，這些年來，我們一直無法就這件事達成共識。對於讓漢堡王的國內發展開始順利進行，你建議我們要怎麼做？」我對這點考慮過很多，心中有個快速的答案。

「班，把你所有的權力、頭銜、使用漢堡王、華堡及華堡之家的名稱所得的利益，再加上你在商標及服務標誌方面的所有利益，全都交出來。有了這些，戴夫和我會保證盡我們所有的努力，開發國內及世界各地的漢堡王餐廳。我無法向你保證能達到怎樣的成績，因為我不知道我們會有多成功。但是在權利金部分，我們無論每個月收到多少，我都會給你百分之十五。我最多只給得起這些了。」就這樣，他在椅子上往後靠坐，並且說：「就這麼說定了。你去擬訂合約，我會簽名，這樣你們才能著手進行。」

我不知道我是怎麼想出百分之十五的數字。我知道史汀無法對這項安排做出任何貢獻，而我也沒打算付給他一大筆錢卻什麼也不做。這樣的發展結果令人興奮無比。我感謝史汀的午餐，並且告訴他我有多開心達成共識。合約只是個形式，我能確定這點。我們談成了交易，然後，就我來說，現在我們是漢堡王的母公司了。知道我們這麼辛苦努力，終於坐上了指揮企業國內外成長與擴展的位置，這真是我到目前為止所做過最激勵人心的一件事了。我對未來充滿信心，立刻回到辦公室去告訴戴夫這件好消息。

我們倆都覺得有朝一日，在某種基礎下，史汀會來找我們協助，帶領漢堡王走出佛羅里達州，把這個品牌建立成國內連鎖餐廳。他真的別無選擇了。我們的加盟計畫在南佛羅里達州進行得如此順利，我們的組織已就定位，可以在其他地區輕鬆展開相同的活動。史汀看得出來這點，對他來說，讓我們主導這個狀況是聰明的決定。

我興奮不已地把這消息告訴戴夫，這時他已經回到辦公室，正在焦急地等待我的消息。「戴夫，我們辦到了。班同意接受我們的提議！」我看得出來，在意識到我們終於有了等待及期盼已久的大好機會時，他有多開心。「我要做的第一件事就是打給湯姆．威克菲爾德（Tom Wakefield），」這是我們當時的律師，「並且請他開始處理合約。我們需要盡快完成這件事。」

戴夫表示贊同，我看得出來他已經開始思考，我們該如何著手安排這場大行動。

我立刻打電話給湯姆。說明完我們剛達成協議的交易之後，我請他準備合約，盡快回傳給我。

看過合約之後，我把它傳給史汀。對方簽了名，回傳一份副本供我們存檔。合約給了我們開發除了佛羅里達州中部與北部之外、全世界各地的漢堡王的權利。在當時，有幾家加盟餐廳在坦帕及奧蘭多營運，再加上州內的其他幾個地方，包括史汀自己在杜弗郡（傑克孫維）的市場。過了幾年，我們接管了杜弗郡區域之外的整個佛羅里達州。史汀的小兒子大衛加入了企業，結果成為效率極高的經理人。他在營運及行銷方面倚重我們的建議，傑克孫維的生意開始蒸蒸日上。在短短幾年內，大衛讓這些餐廳的營運獲利，而且在餐廳的乾淨度及品質方面，也為這個系統大大爭光。我們很驕傲地歡迎年輕的大衛成為團隊重要的一份子。

現在我們擁有漢堡王未來命運的完全掌控權了，我們面對的挑戰是打造一個具有信心、熱忱又強大的全國性組織。我們努力七年建立起一套成功的公式，並且對我們研發的系統能輕易在國內市場取得成功瞭然於心。

戴夫和我犯過不少的錯，在過去也做了很多衝動又不明智的事，通常是因為我們沒有好好停下來、仔細把事情想清楚。從這時候起，我們會確保在規劃以後的進度時，採取好的判斷力。現在有了規模、經驗、可行的系統，以及更出色的資產負債表，我們已經就成長的位置了。我們已經建立了成功的紀錄，再加上對於加盟的大量需求，我們覺得一切都在掌握之中。

我們和班在一九六一年初簽訂合約時，手上沒有多少可用的資金能投資在擴展事業上。我們沒錢買下商標，唯一的選擇是簽訂一份「代銷」協議書，讓我們取得這些權利的獨家使用權。全國目標在望，我們等不及要開始。一切看起來都充滿希望，我們有一個在南佛羅里達州穩固建立的成功企劃，我們有動力、華堡、排隊等著加入的加盟主、精心打造的營運模式，還有對我們自己的能力滿滿的自信。我們全部都有了，準備全力出發。

我知道有一天，我們會必須買斷史汀手上的合約。過了幾個月，我問他這部分想賣多少錢。他告訴我是十萬美元。這是一大筆錢。我們的競爭對手也面臨了相同的問題。

一九五四年，雷．克洛克著迷於擴展麥當勞概念的可能性，和麥當勞兄弟簽訂合約，成為加盟獨家代理人。這給了他使用麥當勞的名稱及他們的餐飲服務系統的權利。他有權擴展事業，不過也有義務遵守麥當勞的營運標準，在進行任何營運系統改變之前，要取得麥當勞兄弟的認可。這份合約明定加盟者要給付銷售業績的百分之一點九作為權利金，向加盟店收取的額度則定為最多九百五十美元；每個月系統銷售的百分之零點五則是付給麥當勞兄弟；百分之一點四的銷售是剩下的權利金，這部分可以用在維護系統，希望能賺取利潤。不管在財務及營運上，這都是一樁差勁的交易。

麥當勞兄弟能獲得克洛克有權收取的近百分之三十權利金，不過你很難期待剩下的部分足以支付充分及適當維護營運的支出。每家加盟店收費不超過九百五十美元的限制，對加盟主是一大利多，但是對克洛克來說則是一場徹底的災難。他發現自己的處境是，擴展事業對他來說，只是在每次銷售加盟權時經歷一次的虧損。

一九六一年，在雙方之間的諸多衝突，使得買斷麥當勞勢在必行。這對兄弟要求二百七十萬美元，以便完全退出。這在當時是天文數字。一九六〇年，克洛克的新麥當勞公司才賺進七萬七千三百三十美元，而公司的淨值僅略高於二十五萬美元。

一九六一年，哈利・桑波恩（Harry Sonneborn）是麥當勞的總裁，擁有公司的百分之二十股份。桑波恩相當具有開發房地產的能力。一九五五年，他加入克洛克時是三十九歲。他先前在一家頗具規模的霜淇淋連鎖店 Tastee Freez 擔任副財務長。他了解加盟事業，懷抱一個房地產的融資想法，對於公司的卓越成長及成功將扮演重要的角色。

一九五六年，桑波恩開了一家子公司，叫做加盟不動產公司（Franchise Realty Corporation）。公司的唯一目的是買下土地、建造餐廳建築，或是出租土地以及為投資者蓋餐廳。桑波恩的計畫需要加盟主在每份租約提出保證金，通常是預付一年的租金。假如麥當勞買了一塊空地，保證金會用來當作購買土地的頭期款。他們會出高價買下土地，但因為價格相當昂貴，地主必須同意麥當勞分十年來付清。此外，地主也必須同意其產權求償設定列為第二順位，讓麥當勞可以拿土地作為抵押來貸款，這使得麥當勞能借到建造建築所需要的錢。加盟主未來的租金支付會經過計算，足以支付每個月的本息款項。

如果土地和建築是由業主或開發商量身打造，它會直接租給麥當勞，然後轉租給加盟主。加盟主的轉租條件擔保麥當勞在每次租賃買賣中都能大幅漲價，加盟主的租金經常是以最高超出成本百分之四十的漲幅為基準。此外，加盟主需要付較高的漲價租金，或是銷售的一定百分比（通常是百分之八點五）。加盟主承租人還得繳納產業的所有稅金、保險和維護費用，這一來對麥當勞而言，租約穩賺不賠。

麥當勞靠著這些創新的融資方案，成為全世界最大的零售業房地產所有者，公司的營業額中，最大的一部份即是房地產經營所貢獻。很顯然從一開始，這套出色的房地產開發公式便注定會成功。一九六五年，公司上市不久後，桑波恩對紐約證券分析師協會演說時發表聲明，說他的公司「在房地產業首屈一指」。後來有位投資銀行家將他的出色融資概念稱為「麥當勞絕佳的債務運用」。這裡沒提到的是，這場成功的關鍵是基於個別餐廳的成功。要不是如此，這項方案將會一敗塗地，因為許多能力較差的仿效者不久後便失敗了。這是一局高槓桿的遊戲，沒有太多犯錯的機會。

桑波恩的加盟不動產公司是麥當勞的全資子公司，到了一九六〇年代初期，由於從事房地產融資，背負了龐大的債務重擔。萬一演變成某些加盟主無力負擔租金，這項方案很容易就會產生反效果。一九六一年，麥當勞穩固的財務狀況描繪出一幅可怕的景象：一家公司由於租賃債務而危險地過度負債。要在傳統條件之下取得額外的融資，對他們來說幾乎是不可能的事。

桑波恩在一九六一年的挑戰是取得所需的融資，買斷麥當勞兄弟的股份。他們和麥當勞兄弟簽訂的授權合約，造成公司沉重的負擔。約翰．布里斯托（John Bristol）是一位資金管理人以及財務顧問，眾多的客戶包括一些大專院校。在他的協助下，公司成功獲得二百七十萬美元的借款。在布里斯托當時的客戶之中，普林斯頓大學承接了這筆融資之中的一百萬美元。十五年後，我以邁阿密大學的投資委員會主席身分，和布里斯托合作，我們聘請布里斯托管理我們一部分的捐贈基金。我發現他是一位聰穎又能幹的資金管理人及投資者，他在與克洛克及桑波恩的交易中，絕對證明了這點。

桑波恩－布里斯托貸款方案是一項高風險的提議，但即使其條款繁瑣，麥當勞正急需二百七十萬美元貸款；對投資者而言，這也是一項賭注，布里斯托堅持對投資者的回饋必須能抵得上那樣的風險。這份借貸合約要求收取百分之六的利息，本利清償的安排設定在全系統銷售的百分之零點五。這項安排相當於克洛克及麥當勞兄弟簽訂的合約裡要求的還款，未來收取的權利金取決於貸款清償的速度。這相當簡單，不過有一項外加條款寫明，當貸款終於清償完畢，貸方會獲得紅利。這份紅利相當於清償原始貸款期間，全系統銷售的百分之零點五。因此，假如清償貸款的時間是八年，麥當勞必須同意在這接下來的八年期間，額外給付未來全系統銷售的百分之零點五給貸方。這是一項出色的安排，對貸方非常有利，而借方則非常需要。

購買麥當勞的名稱就許多方面來說，和我們在多年後購買漢堡王的名稱十分相似。一九六七年，我們付給班．史汀二百五十五萬美元，以便取得漢堡王的商標及國內加盟權。我們在一九六一年簽訂的一份合約中已經獲得這些的授權了，但史汀仍擁有漢堡王的商標，我們必須在取得之後才能和貝氏堡進行合併。這很簡單，無論他開價多少，我們都別無選擇。想當然耳，克洛克在一九六一年和我們在一九六七年必定有相同的感受。它必須完全擁有麥當勞的名稱，以便替他自己紓解虧損性營運及金融債務。當我們面臨極為相似的問題時，這就是我們的處境。

一九六一年，克洛克擴展企業進行得很順利，即使企業獲利依然非常低，公司淨值相對微薄。麥當勞的加盟主非常成功，他們的熱忱及成功對麥當勞的企劃激發出相當多的興趣。下方的圖表顯示出漢堡王和麥當勞從一九六〇到一九六七年間的相對財務表現。這段時期對兩家公司來說，都是重要的起步年代。從這些數字可以明顯看出，漢堡王達到驚人的升幅；不過就利潤方面來說，麥當勞開始贏得領先地位。我們的焦點放在分店數量，而在我看來，我們仍緊跟競爭對手的腳步。這些數字或許很不錯，它們確實反映出這個產業在當時的狀態。這些是速食企業誕生的年代，我們差不多可說是領頭羊。

年份	稅後利潤		年度開設分店	
	麥當勞	漢堡王	麥當勞	漢堡王
1960	$77,330	$28,386	無	7
1961	$16,103	$47,083	81	8
1962	$439,315	$73,058	107	7
1963	$1,048,611	$151,807	111	13
1964	$2,017,178	$225,112	116	30
1965	$3,402,136	$446,239	95	49
1966	$4,511,734	$758,088	124	64
1967	無資料	$972,317	105	72

⊙ 一位加盟主的故事

一九五八年，來自伊利諾州的鮑伯．福曼（Bob Furman），三十七歲的加盟主，成為這個系統的一部分，並且認識了傳奇的共同創辦人。「在當時，我父親在《芝加哥論壇報》看到一則三行的小廣告，徵求漢堡王加盟主。我父親正打算退休，心想這可能是大好機會，於是將這則廣告貼在一張明信片的背面，寄了出去。」雖然福曼父子甚至不確定他們是否會收到回覆，但是吉姆·麥克拉摩直接聯絡他們，說明他們沒有任何簡介手冊可寄，建議他們飛到邁阿密談談。在當時，漢堡王在全國的據點有八或九家店，加盟仍處於發展初期。

「我們在員工餐廳和他碰面，我們一面交談，他一面在切萵苣和洋蔥，」福曼繼續說。「大約十一點，他提議共進午餐，在他和戴夫必須去工作時便先告退。我們走到櫃檯，他在那裡負責收銀，戴夫則是在炸薯條。」在那段時期，漢堡王可說是家庭事業，伊格頓回憶著說，南西負責記帳和稅務部分。即使是營運手冊也是在麥克拉摩家完成的。「我們會熬夜工作。我負責口述，吉姆打字。我們寫了營運手冊。過了沒多久，大家都仿效我們。」福曼父子成了加盟主，開設了第十二家分店。他們成功應付了一項比原先所想的還要困難，且令人欽佩的挑戰。

——鮑伯·福曼，《火焰雜誌》，一九九六年九月，摘錄自第六到十頁

第十二章

加速前進

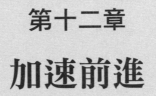

在一九五〇到一九六〇年代初期，漢堡王必須刺激加盟的需求，因為公司在當時沒沒無聞。方法之一是刊登報紙廣告，另一個方式是提供地區協議，給加盟主某些專屬權利，在特定的地區開發漢堡王餐廳。在當時，這是一項吸引人的動機，不過現在我們已經不必這麼做了。新加盟者唯一可以得到的地區保障，是同一條街或是特定的地點。

美國的獨家市場區域已經不再保留開發了。一開始，沒幾個未來的加盟主願意把資源投入這個事業，除非他們得到保證，會有成長及擴張的機會。他們能夠如此要求，是因為漢堡王需要擴張企業的需求，大過於未來的加盟主需要買下加盟權的需要。這是供需原理的簡單案例。

在那段期間，戴夫和我非常樂意發給地區協議。我們覺得這是最好的方式，讓公司定位在一個成長獲利的大規模組織，有能力在國內競爭及成長。我們覺得重要的是快速擴展系統，以便將漢堡王打造成業界的領導者。我們盡可能挑選最優秀的加盟主，假如他們樂意加入我們的行列，我們便樂於給予他們區域權，根據我們雙方同意的時間表，開發並開設特定數目的漢堡王餐廳。萬一無法配合時間表來開店，加盟主同意喪失他們的區域權。這可以刺激他們配合我們的成長目標，結果這反而有助於我們成為連鎖餐廳領域的領導者。

在一九六〇年代，這種擴張幾乎是前所未聞，我們卻創下了幾乎難以想像的成長紀錄。若是少了加盟者最初的動機、參與及決心，在這麼短的時間內建立起如此強大的公司將會困難許多。因為加盟主的協助，我們辦到了。一九六〇年代早期，我們在帶給我們重要動力的初創餐廳加盟事業之中，憑自己的能力成為其中的關鍵人物。我們贏得聲譽，成為國內最出色及最有活力的加盟企業之一。

由於區域加盟及快速擴張，戴夫和我花了很多時間走遍全國各地。我們想成為主要的國內加盟授權者，雖然當時擁有深具野心的目標，但我們也受限於員工人數依然非常少。既然我們把目標訂定在幹勁十足的企業，我們便專注打造一支有能力的管理團隊。

我們的挑戰是組成一個組織，有本事開發房地產、銷售加盟權以及訓練員工。一旦成立後，我們就能快速準備開設新餐廳。我們的開發計畫呈現出一個非常複雜的企業，需要一群有才能的重要經理人的專心付出。

當我們開始實施國內開發策略時，格蘭・瓊斯（H. Glenn Jones）加入我們，擔任財務長，湯瑪士・布朗（J. Thomas Brown）成為我們的法務長，比爾・柯尼（Bill Koenig）被指派為財務主管。接下來「巴德」・格蘭吉（"Bud" Granger）負責加盟權銷售，戴夫・泰提（Dave Talty）主管餐廳營運，比爾・布萊德福特（Bill Bradford）接管房地產營運，而「皮特」・皮歐托斯基（S.M. "Pete" Piotrowski）負責建築工程、物資供應站、運輸及生產。「巴德」・威爾森（"Bud" Wilson）擔任人員培訓主管，葛倫・康哲（Glenn Conger）負責採購，比爾・賽勒斯（Bill Sellers）擔任餐廳設備主管，後來成為我們的設備製造子公司——戴摩公司（Davmor Industries）的負責人。傑克・卡洪（Jack Calhoun）是行銷部門主管，比爾・墨菲（Bill Murphy）則負責我們的建築部門。

有了這支逐漸壯大的主要經理人團隊協助，再加上我們充滿熱情的加盟主幫忙帶路，我們的成長率開始穩定攀升。一九六五年，我們全年都以每週一家的平均速度開設漢堡王餐廳。在餐飲業幾乎不曾察覺連鎖餐廳存在的那個時期，這是驚人的成績。

我們的第一家州外餐廳在德拉瓦州威明頓開張。我們把加盟權給了我在一九四〇年代末的殖民餐廳時期認識的四個人，為此學到了永生難忘的一課。這四個人都是被動型的投資人，出錢不出力，沒人願意承擔起管理生意的責任。當他們終於選出一位在公司沒有股權的經理人之後，可預見的結局是餐廳永遠不會表現得太好。從那時起，我們避免把加盟權發給無法全心經營餐廳的投資者。

厄爾．布朗（Earl Brown）是一位加盟主，開設位在佛羅里達州之外的第二家漢堡王餐廳。這家餐廳位在北卡羅萊納州溫斯頓塞冷（Winston-Salem），開始營運引起的熱烈回響帶給我們莫大的鼓勵，期待在全新及不熟悉的市場中獲得成功。許多未來的加盟主趨之若鶩到該地，調查漢堡王事業的獲利可能性。厄爾和他的財務夥伴，鮑伯．佛康（Bob Forcum）繼續在溫斯頓塞冷－格林斯波羅－海波恩特三角城市地帶開設餐廳。他們在這些市場的卓越成績是一項重大要素，刺激大家對我們的加盟計畫產生興趣。

我們在邁阿密地區鮮明可見且不斷成長的據點，也產生口耳相傳的廣告效力，引起了更多的興趣。我們也在幾家報紙刊登小廣告。阿道夫．戴斯勒（Adolf Deschler）是來自德國的美國入籍公民，也是我們最早的潛在加盟主之一。阿道夫住在長島，在一家酪農場工作，挨家挨戶送牛奶。他看到我們的廣告，打電話給我，然後飛到邁阿密，而且對於所見所聞相當滿意。

在那之後不久，我們在一九六二年開設了亞特蘭大的第一家漢堡王餐廳。

一九六二年早期，我和比爾・吉柏森（Bill Gibson）前往波多黎各聖胡安，開設了另一家成功的餐廳。三十年後，我們在島上擁有超過一百家餐廳。一九六三年，皮特・麥奎爾（Pete McGuire）在達拉斯開了第一家漢堡王餐廳。艾弗瑞德・「皮特」・皮特森（Alfred D. Pete Peterson）則開了明尼亞波利斯的第一家漢堡王餐廳。

戴夫・伊格頓協助吉米（Jimmy）和比利・卓特（Billy Trotter）在紐奧良開設了他們的第一家漢堡王分店，這是這兩位能幹的兄弟開設的許多漢堡王餐廳之中的第一家。莫瑞・伊凡斯（Murray Evans）是一位資金不多但信心十足的年輕人，在莫比爾開設漢堡王餐廳，然後開始在阿拉巴馬州、密西西比州及佛羅里達州潘漢德爾等地，打造了有利可圖的事業。戴夫花了不少時間協助哈洛德・傑斯克（Harold Jeske）、派特・雷恩（Pat Ryan）、鮑伯・福曼（Bob Furman）、艾德・潘卓斯（Ed Pandrys）和其他人，在組成大芝加哥市場的三個不同區域建立漢堡王據點。

海伍德・福克斯（Haywood Fox）對於厄爾・布朗在三角城市地區的出色成績留下深刻印象，因此在夏洛特開設了幾家店。弗瑞德・威索（Fred Wessel）是邁阿密的一名教師，在阿拉巴馬州開設數家成功的加盟店。戴夫・墨瑞（Dave Murray）在新罕布夏州的成績斐然，尼克・詹尼基斯（Nick Janikies）在羅德島州也是。比爾・亨夫納吉（Bill Hufnagel）和恰克・孟德（Chuck Mund）在大紐約地區的重要市場也成功設立了漢堡王；厄爾・馬丁（Earl

Martin）、賴瑞・史多克斯（Larry Stokes）及狄克・雪伍德（Dick Sherwood）則是南卡羅來納州的早期先鋒部隊；班・揚（Ben Young）和班・舒勒（Ben Schuler）首先打下底特律市場；亨里（Henry）三兄弟也是重要的加盟主。里洛伊（Leroy）在密西根州夫林特開店，奧斯卡（Oscar）前往科羅拉多泉發展，哈利（Harry）去了洛杉磯。馬文・舒斯特（Marvin Schuster）率先在卡羅來納州及喬治亞州、哈維・里凡恩（Harvey Levine）在新澤西州、比爾・羅素（Bill Russel）和卡爾・費里斯（Carl Ferris）在費城、湯姆・嘉德（Tom Gaddes）在華盛頓特區、湯姆・麥肯（Tom Macon）在亞士維、喬・霍肯（Joe Hawken）和威拉德・皮特森（Willard Petersen）在查理頓都開設了我們的分店。這份清單說不完。

我會一直記得在早期發展事業的那些年，和這麼多出色的人們一起合作的樂趣及刺激。公司能在快速成長的連鎖餐廳企業之中成為領導者，他們功不可沒。來自各行各業的人加入漢堡王的名下，打造成功的事業。他們全都努力工作，而且心中抱著共同的目標，大家相處十分融洽。這個故事最令人滿意的部分是，這些人幾乎毫無例外，每一位都很成功。漢堡王系統讓參與者獲利，我們成為一家非常成功的公司，因為我們能協助加盟主做出好成績。他們有許多人都累積了可觀的個人財富，戴夫和我把他們的成功視為我們自己的成功。他們是我們這個大家庭的一份子，我們也把他們視為家人。我們的共同目標是找到盛裝金雞蛋的籃子，而且我們也辦到了。

我們最早的加盟主和戴夫跟我在某方面很像，他們是餐飲業全新概念的先驅者。所有的創業都一樣，涉及許多的風險，不過因為這個概念完全未經嘗試，因此更加危機四伏。我們花了許多年研發一套系統，在適當管理之下是可行的。這是我們在全國層面初期成功的基本原因，並且有助於開啟對新加盟店突如其來的大量需求。我們針對美國選擇外食的顧客接受度日益增加的廉價餐點進行價格評估，在幾十年之內，連鎖餐廳完全支配了美國餐飲業。我覺得很幸運能在美國國內發生的快速改變之中，置身前鋒的地位。

第十三章

打探消息：博斯艾倫來訪

一九六五年，我獲得某種程度的認可，成為速食業的代言人。當我接到知名的管理顧問公司博斯艾倫（Booz Allen Hamilton）的一位代表來電時，我並未感到特別意外。他們詢問是否能過來辦公室拜訪，聊聊餐飲業的現況。

我當時並不知道博斯艾倫的人是受到明尼亞波利斯的貝氏堡之託，他們的任務是回報在整體食品業發生的改變。雜貨店銷售基本上乏善可陳，諸如貝氏堡等消費者食品製造業者的競爭十分激烈，而貝氏堡想知道消費者的想法，以及他們應該把注意力集中在什麼地方，才能讓事業成長。

漢堡王企業蓬勃發展。到了一九六六年，我們的公司總部位在珊瑚大道第七家分店後方的一塊空地上。在全國各地的城市，我們平均每週都會開設一家以上的新漢堡王餐廳。這個新增的空間需要容納日漸增加的員工，並且用來納入我們成長中的新部門，包括廣告、會計、人力、加盟開發、房地產、營造、建築、設備採購等。這個空間裡還有我們的訓練中心：華堡學院。這個學院讓我們能夠訓練新加盟主，取得在即將開設的漢堡王餐廳需要遵守的程序。

博斯艾倫就在這樣忙碌又狹窄的活動空間中走了進來。我確定他們看得出來漢堡王是一個快速成長又繁忙的組織。在我的辦公室牆上有一個畫框，裡面寫著一個重要訊息：這是一個獲利的組織。這是我們努力的方向，也是實際的情況！那兩名男子花了一些時間，仔細地看了那個，然後發表他們的看法。我認為這個訊息完美傳達出我們的企業決心，我經常運用它來讓我們的加盟主、供應商、銀行業者及員工知道，我們的目標是成為業界最棒及獲利最高的公司。

我的漢堡王同事們都知道，我們要追求頂尖，而且不恥於讓任何想傾聽的人知道我們的意圖。我認為我們都把自己視為一群精簡、出色又有幹勁的經理人，高度聚焦在成為業界頂尖公司的任務之上。至少在我們之間，沒人懷疑決心的完整性。夢想和抱負帶領指引我們朝那個目標前進。

那天，我花了好幾個鐘頭陪伴博斯艾倫的人。從我在康乃爾的時期，我就對餐飲業的歷史、發展，以及多年來發生的變化備感興趣。我知道這個產業的過去歷史，而對於它的未來方向，我也有自己的想法。多虧我在過去和目前與各種同業公會的聯繫，認識了當時的許多產業領導人。他們似乎對「外食市場」的成長速度相當感興趣，到底這個市場的潛力有多大？對「在家用餐」的習慣又可能產生多少的衝擊？畢竟，貝氏堡的主要營業項目是食品雜貨的批發。

他們知道餐飲業正在快速成長，而他們可能假設這是雜貨店銷售業績衰落的主因。自從我在十五年前開設殖民餐廳之後，美國的餐飲銷售不只翻倍成長，至今已經超過二千五百億美元了。不過就算是我們之間最樂觀的人，可能也不會預測到像這樣的情況。這是我們的美好年代，外食成為美國人的一種生活風格。

針對食品及餐飲業的改變，官方與民間的統計資料都提供了許多的資訊；但資料上沒有顯示出來的是，外食市場中的哪一部分擁有最佳的長期成長前景。博斯艾倫的調查便集中在這個問題之上。

這幾年以來，戴夫和我密集走遍國內，造訪加盟主、挑選新地點，並且銷售加盟權。我們在去過的每個地方都注意到，新開的有限菜單餐廳迅速增長。我們盡量主動地了解國內市場趨勢，也盡可能地細部研究每個市場。我們非常清楚本地連鎖店興盛的市場，也知道區域連鎖店在哪些地方表現出色。我們倆都覺得，對於他們的強項、弱點及脆弱之處都有一些了解；對於產業成長會在哪裡出現，以及如何刺激新成長，我們也有確實的看法。我毫不保留把自己在這方面的知識及意見都給了博斯艾倫。

麥當勞在一九六五年非常成功的公開募股，將國內的注意力聚焦在有限菜單連鎖餐廳的現象及成長。這個零售成功故事是如此重要，以至於成了《時代》雜誌的封面報導。這次以及隨之而來的許多宣傳，引起對許多對加盟餐廳潛在獲利能力的群眾意識。博斯艾倫想進一步瞭解這種事業。它的潛力何在？獲利如何？風險及陷阱為何？哪些公司經營成功？應該避免什麼情況？加盟是提升產業成長的可行方式嗎？是否會開始運用廣告及大量行銷方法呢？我們的談話就繞著這幾個相關的主題打轉。

雖然我不知道他們打電話給我的潛在目的，但我毫不懷疑他們在離開時，心中想的是有限菜單餐廳在未來將大行其道。

過了幾個月之後，我從他們給貝氏堡的報告中得知，博斯艾倫將團體食品銷售的停滯，大部分歸因於外食市場的爆炸性成長。他們的報告結論是建議貝氏堡，假如他們想參與整體食品事業，他們應該考慮加入餐飲業。貝氏堡的回答給了他們一項新任務：找出進軍那個產業的最佳方式。博斯艾倫進行了另一項研究，分析大部分主要獨立連鎖餐廳的強項及弱點之後，他們建議貝氏堡，應該考慮取得漢堡王企業，當作進軍市場的最佳之道。在那之後不久，貝氏堡公司的代表便和我們聯絡。

藉由取得領導角色，並且繼續累積對這個整體產業的知識，我們保持在創新的最前線，而且也引起了無論是個人或企業的注意。

⊙ 迪斯川及達夫摩爾

在漢堡王的早期年代，沒有設備供應商樂於供應該系統，也沒有食品供應商願意運送餐廳每日所需的所有商品。

我記得當時前往迪斯川，觀看他們在一個十五呎的不鏽鋼大圓桶裡製作漢堡肉餅，然後把肉抽送到輸送帶上，在那裡按壓成正確的厚度，然後推擠出兩盎司的漢堡肉餅，或是四盎司的華堡肉餅。多餘的部分會回到不鏽鋼桶，再送上輸送帶，直到肉餅成形。在當時，漢堡王只有新鮮現做（絕無冷凍）的肉餅。堆高機會將裝箱的肉餅送進人或機器可以進入的冷藏庫，等著運送到佛羅里達州的所有地點。這是驚人的運作，開始的原因是父親和戴夫要求產品的品質及有效供貨，讓品牌成功成長。策劃者戴夫對這些子公司的成功至為重要。

——惠特．麥克拉摩，《火焰雜誌》，一九九六年

第十四章

清除障礙

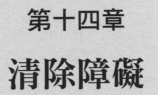

我們把它叫做漢堡王物資供應站，後來更名為迪斯川。這是我們的食品製造及運送服務的簡單起步，確保食物及補給品能及時送達我們的餐廳。當我們開設第二家邁阿密漢堡王時，我們從儲放在第一家店的存貨配送補給品過去；然後我們繼續這麼做，直到開設第六家店為止。我用自己的私人旅行車充當我們的第一輛送貨車。

當我們開設第五家店，很明顯地，我們再也不能繼續用這種方式運作了。我們需要辦公室和空間來擴展我們的物資供應站運作。一九五七年三月，當我們設計並打造第七家漢堡王餐廳時，我們打造了這個空間。這棟建築包括一間大倉庫和辦公空間，緊鄰著餐廳。我們以一百美元買下一輛一九四七年萬國小貨車，這是我們唯一的一輛物資供應站運貨車，取代了我的旅行車。這部破舊老貨車的後端有處明顯的傾斜或翹起，因為後側懸吊系統有問題，我們努力讓它繼續跑下去。這是一輛破車，但是我們當時只買得起這個。六個月後，我們花了二千六百美元，買了一部全新的雪佛蘭小貨車。這次運送設備的升級讓我們可為餐廳提供更可靠的服務，我們開始看到集中採購及運送的好處及重要性。

一九六二年，我們的南佛羅里達州加盟計畫熱烈進行，新餐廳以穩定的速度開張。然而，我們需要把這種大量增長納入物資供應站業務之中。我們在新近開通的帕美托高速公路旁取得一塊工業用地，打造了一間獨立式大倉庫及生產設施。因為它位在鐵路支線，我們可以整車貨運進貨，省下可觀開支。由不斷成長的車隊每日配送，讓我們能提供給餐廳更高的效率及方便性。當我們在南佛羅里達州繼續展店，這個新物資供應站有助於引起大家的關注，注意到漢堡王日漸增長的市場佔有率。由於供應的餐廳數量不斷增加，我們建立了配送部門，後來成了現代連鎖餐廳配送服務的原型。

然而，漢堡王系統早期的快速成長，在即時並可靠地配送設備到施工現場的方面，產生了一些令人沮喪的物流問題。我們餐廳的設備是由美國國內許多不同地區的供應商所製造，因此需要花費許多時間與精力來與各個供應商協調成本及配送時間。而要定出一個精確的送達時間幾乎是不可能的事，這也使得整個安裝過程變得複雜多了。我們的方法是把安裝工人從邁阿密送過去，看一切是否正確安裝及運作。這些安裝工人就是無法準時完成工作，因為從許多不同來源的許多不同品項都延遲送達了。我們訂購並協調配送移動式冷藏櫃、水槽、貨架、招牌、櫃檯、奶昔機、炸鍋、燒烤機、冰箱、座位、飲料機台，以及其他在開張前需要安裝好的重要品項。看來所有的東西都沒在應該送抵的時間抵達。這是一場物流夢魘。

一九六二年晚期，我們發現自己每週都能開設兩家以上的餐廳。為了處理這種情況，我們全力對付打亂展店計畫的無效率又不可靠的配送狀況。為了解決問題，我們要所有的餐廳設備都直接送到邁阿密物資供應站，收放在倉庫裡。這使得我們能把某個特定的施工場地所需的每樣東西，一次配送過去，讓設備在邁阿密安裝工班出現在施工場地的那個時間點抵達。當我們施行這項計畫後，安裝時間從幾週縮短為三天，在節省成本及便利性方面都大為改善。還有一項額外的好處是，我們有辦法以大幅壓低的價錢購買大批設備。

尋找設備的存放空間引發了另一個物流問題。邁阿密物資供應站的打造目的是用來處理並供應食品、紙張和各種其他品項給南佛羅里達州的餐廳，原本一萬五千平方呎的設施中，沒有空間可以多加運用。當儲存餐廳設備的需求浮現時，我們在這幢建築的旁邊又增建了一萬五千平方呎的廠房，讓規模加倍。

為了更進一步加快腳步，我們和一家本地的金屬板公司簽約，打造我們的一些不鏽鋼設備；我們和一家本地的霓虹燈公司簽約，製造我們的招牌，包括設立在所有新餐廳前面的大型豎立式招牌。櫃檯、餐桌和用餐區家具都是在南佛羅里達州製造，然後直接配送到施工場地，因為我們有辦法控管這類的運送。位在國內許多不同地點的專業製造商將其餘的設備直接運送到邁阿密，包括炸鍋、奶昔機、飲料機台及製冰機等。

運送這些設備的費用非常划算。載貨到邁阿密的卡車司機很難找到回程承運的機會，這經常使得他們必須空車北上。我們要配送到每個地點的所有設備需要兩輛四十呎牽引式拖車來載，這是那些卡車司機求之不得的生意。他們爭相招攬，而我們得以用極低的價格得到他們的服務。

兩部拖車滿載餐廳所需的各項設備，從大型的豎立式霓虹燈招牌、移動式冷藏櫃，到店長辦公桌抽屜裡的鉛筆和迴紋針，皆能在預定的時間抵達施工現場，這令我們相當自豪。這是在速食產業初期的第一套配送系統，替未來訂定了標準。

設備採購及運送中央化變得效率奇高，以至於過了幾個月後，我們決定要自行打造漢堡燒烤機。這是保護我們的技術並降低成本的一種方法，這些燒烤機是仿照戴夫．伊格頓在一九五五年發想並打造的原始設計。我們在新近建造的供應站擴建部分擁有足夠的空間，讓我們得以更少的花費打造品質更好的燒烤機。雖然規模不大，但我們仍因此加入了設備製造事業的行列。

燒烤機是由不鏽鋼板切割的零件組合而成。我們購買了專為切割組合這些鋼板所設計的重型設備，並雇用資深的鋼板工人和機械師來操作。在成立了製造廠之後，為了進一步節省開支，我們決定自行製造不鏽鋼冰箱、流理台、水槽、層架、移動式冷藏櫃、油炸機及其他品項。這帶來了另一個空間問題，以至於我們需要將原有的建築再增建一萬五千平方呎。完成之後，我們擁有了總面積四萬五千平方呎的工業倉儲及製造空間。即便如此還是不夠，我們決定打造一座規模完整的製造工廠，地點距離物資供應站僅有咫尺之遙。

我們把製造設備部門取名為戴摩公司（Davmor Industries）。這是一個混成詞，由戴夫（DAVe）和麥克拉摩（McLaMORe）這兩個名字組合而成。我們期望能為未來每年打算開設的數百家新漢堡王餐廳，製造供應所需的大部分設備。我們確信自己製造的設備品質會比我們去買的更好，並且可以降低成本。

一九六六年，我們在一塊二十英畝的土地上，打造了一座五萬平方呎的全新工廠以及戴摩公司的辦公室。在短短幾年間，這家公司成長到僱用三百二十五位機械師、鋼板工人及家具製造師傅，年銷售額高達二千七百五十萬美元，稅前利潤則是四百萬美元。在短時間內，戴摩公司成了美國餐廳設備最大的製造者之一。

這是一家獨特的新創公司，從開始營運的第一天便獲利。我們展現了能力，供應設備給加盟主，比起他們從外面能取得的成本更低，品質卻更高。這很重要，不過對漢堡王系統的真正貢獻是，能可靠又及時配送我們的餐廳設備。這間公司是如此成功，我們不得不在原廠另建造兩處個別的增建。其中一個部分擁有六個牽引式拖車卸貨區。工廠需要以最大的生產力不分日夜輪三班，才能跟上我們生產設備的龐大需求。

戴摩的初期成功及迪斯川的持續成功，還有我們快速擴張的物資供應站事業，令戴夫和我留下深刻的印象，以至於我們和邁阿密的營造公司薛佛及米勒（Shafer and Miller）組成了均等股權的合資事業。從一九五〇到一九六〇年代初期，這家公司蓋了許多漢堡王餐廳，而且表現得很好。戴夫和我覺得能讓這家公司負責全國各地的餐廳建築，對我們是有利的。朗恩・薛佛（Ron Shafer）及比爾・米勒（Bill Miller）喜歡這個主意，但是他們擔心擴展事業之餘，卻無法保證我們會持續使用他們的建造服務。我不能怪他們這麼想。很顯然地，他們需要在公司投入大筆的資金。假如身為他們唯一客戶的我們出了什麼問題，這風險可不小。

我們尋求的解決方案是均等股權的合資事業，結果組成一家全新的營造公司，叫做第一佛羅里達營建公司（First Florida Building Corporation）。這家新公司讓漢堡王得以享受這家營造商的服務，他們有建造我們餐廳的經驗，而且能節省成本並及時完工。在比爾・米勒的領導下，第一佛羅里達成為美國屬一屬二的營造公司之一。一開始，它的唯一特長是建造漢堡王餐廳。這種活動的重複性節省了大量的成本及時間，對公司和加盟主來說都非常有利。公司變得效率奇高，可以在動土之後四十五到六十天內完成餐廳建築。這扮演了重要的角色，協助我們在成長及擴張方面達到整體公司目標。

我們聘僱了一位邁阿密大學建築學院的畢業生威廉・墨菲（William C. Murphy）來協助進行擴張，他的工作是為我們所有的新餐廳設計並擬定計畫。在好一段時間之內，他參加了必需的考試，在全國每個州都拿到執照。那些多到幾乎沒地方掛的裱框證書，見證了這位年輕人以建築師的身分，參與國內建案的出色成績。我們非常以比爾為榮，而且管理團隊有了他這位珍貴的成員，讓我們得以將漢堡王事業擴展到全國各地的城市及鄉鎮。我們正在進行一項成功的任務，而且樂在其中。

第一佛羅里達很快展現了它的才能，以低成本來打造餐廳建築。公司在替漢堡王打造高品質建築方面有口皆碑，於是也替許多其他速食連鎖店負責營造部分。那些連鎖店面臨和我們相同的問題，也就是找到一家準時、可靠又符合成本效益的營造商，穩定地打造有品質的建築。第一佛羅里達為我們及其他許多客戶提供優質服務。在任何時間點，他們可能建造五十家以上的餐廳，地點從緬因州到加州都有。在快速擴張的連鎖餐廳領域中，我們的第一佛羅里達企業是另一項創新產業。

在短短幾年間，漢堡王旗下便擁有三家關係企業，包括迪斯川（食品及供應品）、戴摩（設備及家具），以及第一佛羅里達（餐廳營建）。這三家公司共享我們的成功，並提供大量協助，幫助漢堡王機構在國內擴張的初期，能有穩定且可預期的成長。

戴摩替我們的公司服務了十餘年，不過隨著連鎖餐廳機構的快速成長，出現了其他的廠商願意投入資金來搶食這塊大餅。

戴摩和迪斯川成立時，僅有寥寥可數的供應商有興趣或是有能力來提供我們不可或缺的服務。每家餐廳都需要一輛貨車，每日直送各式的食材及備品。在早期並沒有足夠的這類生意來吸引供應商，因此我們得自己來。為了這樣的需求，我們在配送及生產業打造並首創一個全新的概念。經過了許多年，當加盟連鎖餐廳普及之後，高度專業的公司紛紛成立來提供這類的服務，結果大為成功。

一九九二年，我們把迪斯川賣給了普洛索斯（Pro Source）。一九九六年，他們的執行長大衛．派克（David Parker）告訴我，他們有三十三個配送中心，佔地二百三十萬平方呎，營運觸角遍及每個州。他們擁有五百九十三部拖車頭和八百三十一輛冷藏貨車負責運輸，並且雇用了三千五百名員工。普洛索斯以略微超出一百萬美元的價格從我們的手上買走迪斯川。比起一九五六年用福特旅行車作為唯一運輸工具的年代，這絕對代表了一大進步。

在一九六〇及一九七〇年代的成長及擴張之下，獨立供應商出現了，熱切地想藉著投入這個瘋狂的市場來獲利。我們向來知道，我們的三家新創公司會吸引競爭對手。許多加盟主在一九五〇年代晚期到一九六〇年代初期，緩慢小幅地成長，對於採購及營造毫無經驗。隨著時間過去，他們成長為規模更大的企業。當他們獲取了經驗、變得更精進，並且財務獨立之後，他們能夠把服務及供應品交給許多不同的機構來承包負責，而這些機構全都組織良好，而且迫不及待想提供服務。我們的加盟主對於向漢堡王母公司所屬或附屬的公司購買供應品及服務的想法，開始提出質疑。

加盟主看重他們的獨立性，而且通常偏好和外面的承包商打交道。他們逐漸收回對戴摩公司及第一佛羅里達營建公司的支持，可能出自於他們想更獨立、追尋價值的欲望所帶來的重大影響。

戴摩公司賣掉了，第一佛羅里達進入了營建活動的全新領域，迪斯川依然是子公司，直到賣給了普洛索斯。不過在漢堡王國內擴張的早期，這些附屬公司扮演了關鍵的角色，少了他們的支持和提供的即時服務，我們在擴張事業的路上會遭遇更多的困難。

正如諺語所說，需要為發明之母。我們知道假如想成為全國知名的餐廳連鎖事業，成長及保持領先便是一個重要的議題。當我們在路上遭遇阻礙，我們毫不遲疑地跳脫傳統思維，想出符合自身需求的新方法，而且在過程中創辦三家更為成功的公司，並在未來大放異彩。

第十五章

努力保持領先地位

一九六五年，速食產業的快速擴張是金融界及產業媒體大量討論的話題，投資餐廳的加盟主大發利市則成了熱門新聞。全國上下開始意識到，餐飲業是時機已經成熟的領域。全美各地的報章雜誌紛紛報導關於這類的成功故事。領先的公司，例如麥當勞及漢堡王，增加電視廣告的頻率，因此逐漸令美國民眾意識到外食的好處。其中深具說服力的訊息是，消費者能以低廉的價格在乾淨的餐廳裡，獲得美食以及快速的服務。這就是大眾想要的。餐飲業的銷售及獲利成長令人印象深刻，而全國雜貨店的業績開始衰退，速食忽然成了風潮。

一九六五年四月十五日，麥當勞公司上市。這起事件前所未見地刺激了速食業的成長與擴張。就在十年前，雷．克洛克在伊利諾州大芝加哥地區的德斯普蘭士開了第一家麥當勞餐廳。這兩起事件都深具歷史性。這次的公開募股是有史以來最成功的一次。它以每股二十二點五美元發行，到了首日交易結束時，已經飆到了每股三十美元。過了短短的幾週，股價翻倍，來到了每股四十九美元。投資者吵著要求更多的股票，如同發現金雞母一樣。他們的想法沒錯。在一九六五年四月投資麥當勞的一百美元，到了一九九六年的價值遠超過五十萬美元。到了這時，這家出色公司的市場價值已經高達三百五十億美元。這種驚人的成長在餐飲業的歷史上無人能及。

投資大眾對麥當勞的著迷和吸引，讓更多的注意力集中在餐飲業的可能成長機會上。在兩年內，其他幾家餐廳連鎖公司跟隨麥當勞的創舉，也都開始公開募股。希望能找到下一家麥當勞的投資者，在這些發行活動中大肆搶購。納士維的精明生意人，傑克．梅西（Jack

Massey），以及後來成了肯德基州州長的年輕實業家，約翰・布朗（John Y. Brown），僅花了兩百萬美元的現金，買下哈蘭・桑德斯上校（Colonel Harland Sanders）在他的肯德基炸雞公司的股權。他們重新組織經營理念，推出專業的加盟計畫，買斷肯德基炸雞公司的公開募股。這項行動一舉成功。過了不久後，邁阿密的皇家城堡及霍華強生公司隨之發行自家股票。這些行動極為成功，並且獲得大眾高度接受。餐廳股票忽然間十分搶手，掀起了一股投機熱潮。

我並不特別擔心在一九六〇到一九七〇年代早期的活躍競爭。在我看來，這些新成立的餐廳公司發起人，大多是想藉著銷售加盟權來賺點快錢。他們不是餐廳經營者，缺乏餐飲業的經驗，導致他們輕忽了經營生意需要有長期的方法。他們之中有大多數在加盟主開設餐廳之後，就把餐廳營運拋在腦後了。要不是完全遺棄他們，要不就是在經營好餐廳的基本原則方面，不曾好好地提供協助。在這種組織混亂及缺乏經驗的情況下，可以料想得到的是他們的加盟主很難成功經營新事業。就我來看，這些人必然走上失敗一途，假如有夠多的加盟主失敗，加盟授權者的失敗也就指日可見了。

一家叫做米妮珍珠炸雞（Minnie Pearl Fried Chicken）的公司，就是這種注定失敗的創辦事業最佳案例。米妮・珍珠（Minnie Pearl）是大奧里普劇院家喻戶曉且備受尊崇的台柱，把她的名字借給了一項餐廳企劃，結果卻成了速食業有史以來最惡名昭彰的餐廳加盟慘敗經歷。

這家企業的發行人打算複製肯德基炸雞的成功概念，照抄他們的加盟及營運模式。他聲稱要成為「炸雞界的百事可樂」，開始銷售大量的「獨家地區」給容易受騙上當的投資者，並且保證販賣米妮珍珠炸雞會賺大錢。在加盟合約中，發起人取得地區加盟主的承諾，要在特定的期限內開設特定數量的米妮珍珠炸雞餐廳。每份地區合約要求要繳給加盟授權人固定的費用，這項收費則是依照每個地區開設的分店數量而定。繳交給米妮珍珠母公司的實際現金款項少之又少，發起人接受加盟主的票據，以便平衡買價。舉例來說，假如加盟合約要求在某個特定地區開設二十家分店，協議內容便要求每家店要付五千美元，或是以十萬美元的總價買下那個地區。要購買十萬美元的地區，協議內容通常會要求給付一萬美元現金，以及九萬美元的票據。等到分店開設時，這些票據會以每家分店五千美元的費率支付款項。雖然聽起來令人難以置信，這家公司在簽訂合約的那天，便將十萬美元都列為所得收入，列為「收益」的合理說法為這是「售出」該地區的收入。同樣令人意外的是，米妮珍珠的外部審計員及會計師把這項使人產生誤解的荒謬會計處理視為可接受的說法，結果投資者對於這家公司的真實收益及財務狀況，產生了十分扭曲的觀點。

一開始，投資者似乎不在乎這些，因為米妮珍珠忽然間成了華爾街的大黑馬。一九六八年，這家公司以每股二十美元上市，到了首日交易結束時，股價不只翻倍，每股超過了四十美元。在短時間內，這家公司股價的市值高達八千一百萬美元。然而，它的資產只有二百二十萬美元，而且實際營運的只有五家餐廳，每家表現得都不太好。顯然地，投資者沒去多想公司拿到的票據是否收得到錢，或是餐廳的營運是否有錢賺。結果這兩者都沒發生。那些票據沒收到多少錢，公司不久後便宣告破產。投資者損失了幾百萬美元，而詐騙高手賺飽了荷包退場。

類似的股票及加盟推廣發生了幾十次。然而，對於妥善營運的餐廳公司而言，情況就另當別論了。麥當勞在一九六五年的公開募股大為成功；肯德基炸雞不久後也跟隨腳步，結果同樣大受歡迎。公開募股之後，肯德基炸雞的市值來到了三億六千四百萬美元，超過他們當時的申報收益一百倍。不過這些收益是大多基於加盟的獲利，而非來自營運。肯德基股票的兩度公開銷售賺進大把鈔票，難怪那些「麂皮鞋男孩」（我通常這麼稱呼那個年代的加盟發起人）想要涉足餐飲業。

到了一九六〇年代晚期，這時有幾十個餐廳加盟方案，投資銀行家強烈要求讓獲利的餐廳公司上市。我經常在想，假如我們讓公司再保持獨立幾年，漢堡王公司的最終財富可能會有截然不同的結局。我們是業界實力堅強的公司之一，但是我們想成為上市公司的時間點糟糕得無以復加。

大眾對餐飲業忽然起了莫大興趣，我們的許多加盟主也注意到了。我們在一九六〇年代早期簽訂了許多地區加盟合約，以便刺激全國發展計畫之快速成長及發展。這是打造漢堡王全國據點的關鍵策略，在許多主要市場引發了預期的效果。到了一九六七年，我們協助建立一些小型連鎖餐廳在漢堡王的系統內營運，但是這裡頭有好有壞。

一九六七年，我們的許多地區加盟主在這一行已經待得夠久，能夠提出厲害的收益表現。他們在漢堡王的系統內建立了成功的公司，他們的成就吸引了許多可能人選，想尋求擁有自家的加盟事業。這就是我們想要的。我們成功的地區加盟主在漢堡王系統還沒打響名氣時，能提供基礎支持。

我們的紐奧良加盟主，吉米（Jimmy）和比利・托特（Billy Trotter）成立一家公司，叫做自助餐廳（Self Service Restaurant）。他們是漢堡王餐廳在路易斯安納州及墨西哥灣岸區的成功營運者。一九六〇年代末期，他們的公司上市了。我們的長島加盟主，莫洛里餐廳（Mallory Restaurants），在這之後約莫一年便將公司上市了。直到芝加哥地區的三名加盟主準備合併上市時，我不得不對此表態，我們並未預期旗下的加盟主會有一大堆上市公司。

一九六九年二月五日，我向所有的加盟主發出一份備忘錄：「尊重餐廳執照之合約、銷售或處置」。這項政策禁止加盟主將公司上市，這至少暫時中止了這項行動。讓一般大眾成為加盟主可能引發一些棘手的問題。

戴夫和我密切注意麥當勞，追蹤他們的成長。在一九六〇年代早期，我們的成長率和他們不相上下，即便他們開設的餐廳數量比我們要多出許多。我們預估自己落後他們大約四十個月。我們相信假如處理得宜，很有機會能追上他們。

我感到困擾的是，麥當勞在一九六五年公開募股，結果得以開拓金融市場，而我們卻不能如法炮製，這使他們搶得先機。他們的房地產策略不只厲害，簡直稱得上技藝精湛。他們不斷購買或租土地，利用加盟主的合約押金當作頭期款，建造他們的建築物。他們倚賴加盟主的租金款項，協助清償房地產債務。在當時，根據他們的投資銀行家觀察，麥當勞在房地產交易的策略採取了槓桿而非權益路線，算是一項「巧妙的決定」。到了一九六〇年代中期，我們試圖研發類似的策略，但是在我們全國發展計畫初期，相關的風險顯然太大。

當我們在全國各地的城鎮開設新餐廳，我們的信心也隨之滋長。這些餐廳都很成功，讓我們有勇氣多下一點賭注。因此，我們採取的策略是購買土地，打造建築物再出租給加盟主。我們也為外來投資者的土地及量身打造的建築訂定合約，然後再以轉租合約提供給我們的加盟主。我們不夠聰明，財力也不夠強大，無法依照麥當勞的方法行事，但是我們的房地產運作在整體的商業策略上，確實扮演了獲利的角色。我們開始尋找長期金援，以便增加在房地產的投資。顯而易見的是，我們在這方面的事業可能帶來龐大的利潤。

大眾投資麥當勞股票的高本益比或「倍數」，經常超過他們收入的四十倍，這種高價股票給了他們理由和機會去收購加盟主。他們以較低的收益倍數來評估加盟主的事業，然後發行自己的高價股票來支付費用。這種行動持續到某種程度，造成麥當勞的每股收益穩定增加。這有助於帶動他們的股票價格上揚，結果讓他們得以持續積極擴張房地產事業。在一九六五年，最初公開募股之後的三十多年期間，這家公司從來不曾提報一個「走下坡」的季度。每股收益連續一百二十五個季度增加，這種卓越的表現絕對是令人豔羨的紀錄，也證明了公司的強大、活躍及影響力。

我們當時的考量集中在麥當勞進入債權及股權市場的途徑。無論在獲利能力及開設的餐廳數量方面，他們都搶先我們一步。很顯然地，在少了某種財務挹注的情況下，我們很難跟上他們未來的成長。我們該怎麼辦呢？我們需要資金以便持續參賽，而且要盡快找到才行。

一九六四年，戴夫和我檢視我們自己的狀況，結論是我們應該購買公司的額外股份。哈維・弗魯霍夫擁有我們將近百分之五十的股份，他在八年前開始投資公司時，便取得這些股份了。戴夫和我各持有略低於百分之二十五的股份，有比例非常低的股份是由另外兩位董事，喬治・史托瑞及湯姆・沃克菲爾德持有。在這十年以來，湯姆擔任我們的律師及法律總顧問。最近我們給了員工股票選擇權，其中也包括了尼寇醫生的一份。

戴夫和我找哈維談，以當時的公平市場價格購買公司的額外股票。在我們看來，這似乎是一項公平又合理的提議，因此當我們的建議顯然激怒了他時，我感到有點意外。我以為鼓勵我們在公司做更大的投資，對持股人來說是合理的事。

這迫使我去思考自己的情況，現在變得有點每況愈下了。評估我自己在公司的股份位次是一件複雜的事，因為公司現在正考慮募股的可能性。假如我們要那麼做，這會讓我的股份被稀釋得更厲害。我們需要做出決定，而麥當勞的公開募股更提升了急迫性。在漢堡王股票公開募股時，我發現自己擁有公司不到百分之二十的股份。當我們進行收購、發行更多股票，或是授予額外的股票選擇權時，我的股份會進一步減少。戴夫和我從來不曾要求董事會授予我們股票選擇權，而身為公司總裁，我也從不曾在董事會議程中提出這種提案。只要漢堡王是獨立的公司，我準備要一直保持占少數股權的股東身分。我看得很清楚，假如漢堡王要成為上市公司，而戴夫和我處於縮小的股份位次，我們就更無法保證能擁有強大的聲音，決定公司政策以及指導其未來事項。這是我當時心裡的許多問題及煩惱之一。

過了一年左右，貝氏堡公司來電，詢問我們是否有興趣討論合併的可能性，這似乎是一個起碼值得考慮的想法。在接那通電話之前，我們正在考慮募股。哈維·弗魯霍夫提議與布萊斯公司（Blyth and Company）談這件事，並親自前往紐約一趟，以做更清楚的了解。

哈維是喬治亞太平洋公司的董事，同樣在董事會服務的還有現任主席及布萊斯公司的執行長史都華·豪伊斯（Stuart Hawes）。哈維建議我們和布萊斯討論募股的事，這似乎是個好主意，即便我對這類事務完全不熟。我沒有和投資銀行家交手的經驗，這是一個陌生的領域，但是我心想，這可能是我學習這方面事務的好時機。

戴夫和我花了很多時間研發漢堡王的策略事業計畫。我們倆都很熟悉公司出色的獲利潛力，而公開上市儘管有某些壞處，卻顯然是我們偏好的企業成長途徑。我們帶著勢在必行的決心來面對這個想法。

哈維和我飛到紐約，住進了公園大道上的麗晶酒店。我們外出吃晚餐，整個晚上都在討論我們隔天早上可能會遇到什麼狀況。我們和豪伊斯的約會訂在早上十點鐘。

吃完早餐後，我們搭計程車前往布萊斯公司辦公室。我忍不住讚嘆他們辦公室的典雅，有龐大的桃花心木大門、厚地毯，以及擦得發亮的骨董家具。這種設計反映出富裕及繁榮的視野。我在股市方面所知有限，對於公開上市的過程及牽涉範圍並不熟悉。我提醒自己，我在康乃爾唯一被當的科目是公司金融學。在我到目前為止的職場生涯中，我從不曾精心規劃出一套專為打造一家大型企業組織的複雜財務方案，因此這根本稱不上是學習這個複雜財務世界的最佳時間或地點。

我提出一份財務資訊內容，包括我們的商業計畫、過往收益、資產負債表，還有一些資訊說明漢堡王的一切。豪伊斯先生邀請公司的資深副總裁艾德華・格拉斯梅爾（Edward Glassmeyer）加入我們。格拉斯梅爾參與了布萊斯承銷位於邁阿密的萊德系統卡車租賃公司（Ryder System, Inc.）的首次公開募股。這兩位檢視我們的資產負債表及損益表，查看我們的現金流量預測、先前收益的紀錄，以及我們在這些年來開設新餐廳部分的事業成長。我們在一九六五年五月三十一日為止的稅後收益為四十四萬六千二百三十九美元，而我們對當年度的預期為超過七十五萬美元。考量我們的來處，我認為這是值得注意的成績。結果布萊斯公司似乎並未留下深刻印象，即便考慮到我們對未來成長的預期之後也是。

我們或許是站在紐約市的金融力量中心，但我們找錯談話的對象了。我後來得知，布萊斯公司和資歷較深也較為健全的公司與機構往來。他們主要經營行銷債券的生意，而不是替像我們這樣的小公司承銷募股的事。討論完我們的財務目標並且聽了他們的反應之後，我的結論是，漢堡王對他們來說，並不是一個亟欲拉攏的客戶。

我們把資料留給他們去研究，然後飛回了邁阿密。我不懂他們怎麼無法認清，我們的股票公開募股會大為成功。這種結論顯示了我對投資銀行的真正了解有多麼不足。

過了沒多久，我們回到紐約，但迎接我們的是一些令人失望的消息。布萊斯告訴我們，即便我們是一家快速成長的企業，收益成長驚人、未來擁有樂觀希望，但我們現在要公開上市，依然太資淺、經驗不夠，而且資金也不足。

這是令人洩氣又失望的消息。假如我對於投資銀行家服務客戶的許多不同方式更加熟悉，我就會提議帶著我們的提案，去找一家專門處理像我們這種小型企業的公司。

過了好幾個月，我前往紐約拜訪艾德．格拉斯梅爾。我們沿著公園大道散步，他瞥見了霍華強生公司的創辦人之子，霍華德．強生（Howard B. Johnson）正往我們的方向走來。布萊斯公司最近成為霍華強生公司公開募股的主要承銷商。格拉斯梅爾把我介紹給小強生，他當時是該公司的執行長，不過他似乎在我們交談時顯得冷漠又不感興趣。

霍華強生公司已經快速成長，擁有八百家營業餐廳，被視為就算不是全世界，也是全美國最大的餐廳連鎖公司。然而，在我們和布萊斯公司討論的當時，我確信霍華強生是一家深陷困境的公司。我對那家公司、它的管理或經營生意的方式，從來不曾留下深刻印象。我不明白布萊斯公司為何承銷這次的公開募股。我記得在二十年後，一篇刊登在《波士頓環球報》的故事，它的頭條以粗體字寫著：「霍華強生的興起與沒落。父親創建一家美國公司，兒子毀了這片江山！」

在一九六〇年代，生活風格開始快速變化，美國人的飲食喜好也是。我在當時看來，顯然霍華強生公司難以跟上這些改變。在一九三〇、一九四〇到一九五〇年代讓他們大為成功的方式，已經不再為已然改變的消費者市場所接受了。他們的管理組織似乎對這個事實完全不以為意。當生意衰退，他們的餐廳出現不同程度的荒廢。到了一九六六年，我忍不住相信，這家公司注定要失敗。我想起那句老話：「狗群會跑得跟狗老大一樣快。」在這個案例中，這隻狗老大是隻跛腳狗。

和小強生先生在公園大道碰面的十五年後，他的公司出售分割，基本上是倒閉了。一九八〇年，英國的帝國集團公司（Imperial Group plc）投資七億美元買下這家公司，五年後以一億六千二百萬美元的價格，加上根據臆測有一億三千八百萬美元的負債，賤賣給萬豪公司（Marriott Corporation）。一家曾經風光一時的公司踉蹌倒下，這再度提醒我，任何成功的企業一旦和消費者以及它的市場失去連結，將會變得多麼不堪一擊。

在我們和布萊斯公司談的時候，漢堡王在它的歷史上正處於關鍵時刻。一九六六年五月，我們有二百零六家營業餐廳，位居全國屬一屬二的連鎖餐廳之一。羽翼未豐的速食業依舊處於發展初期，但是很少有連鎖餐廳能宣稱擁有比我們更多的營業餐廳，或是更快的擴張速度。一九六六年，我們面臨的問題是該如何替公司籌措資金。我們需要保持速度擴展事業，確保並維持我們的領導地位。我們的眼前有龐大的機會，但是儘管我們的成長、收益及動力都有驚人的紀錄，我們依然缺乏資金，讓生意如預想的那般擴張。

由於和布萊斯公司持續討論而感到失望，並且知道我們要另尋他途，以便讓漢堡王保持領導地位，我攔了計程車前往拉瓜地亞機場，返回邁阿密。

戴夫和我都覺得，要是我們努力工作，並在經營我們的事業上依循某些基本營運原則，我們便能達成雄心壯志的目標。我們相信，採取持續認清美國大眾喜好的公司策略，意味著一定會成功。我們帶著活力、承諾和信念做事，不可能會失敗。要做的事還很多。假如我們要追得上領導者以及緊跟在後的大批新人步調，我們就必須做出某些關於公司策略的重大決定。

⊙ 吉姆是智者

吉姆是一位絕對光明磊落、不偏不倚，並且具有高道德特質的人。他是具競爭力的高爾夫球運動員，專注在每次揮桿及眼前賽事的挑戰。我通常也不過高於標準竿幾竿，但是從來不曾擊敗他。

吉姆把這些正向特質帶到商業世界，成為那個競技場的贏家及領導者。一九六三年，我在德州開設我的第一家漢堡王，過了不久後又開設了好幾家。我們沒賺錢，我遭遇到付不起帳單的情況。供應商同意讓我寬限一段時間，但是我面臨該付什麼的困難決定，是銀行、租金、水電費、員工薪資，或是權利金。我難為情地打給了吉姆和戴夫，說明我的財務困境。我要求延後繳交權利金和行銷費用，直到我開始賺錢為止。他們同意了，並且給我建議和希望。吉姆和戴夫打造了一個獨特的餐廳概念，牢固又歷久不衰，而且能實行超過六十年。我們每位加盟主要獲利及打造自己的餐廳，都是使用這套三合一的組合：內部座位、燒烤爐，當然還有出名的「華堡」。

一九七〇年代初期，有好幾家公司都有興趣想買下我們的德州餐廳及開發合約。有天我接到吉姆和戴夫的來電，說他們知道我有其他買家，有興趣買下我的德州餐廳，但是他們希望我能賣給貝氏堡。我很矛盾，因為其他人搶先他們一步，做了實質審查要買我們的公司。我們同意分享數字，快速完成這個過程。

在一九七〇年代初期，我還年輕，沒處理過賣掉像我們餐廳這種規模及發展潛力的公司。我的選擇有繼續在德州及康乃狄克州開設漢堡王，或是賣掉一家或兩家公司。我決定賣掉德州漢堡王。在當時，一個七位數字乘以很多倍，對一位剛進入婚姻，還要讓一個兒子念書日後上大學的父親來説，這是一大筆錢。

貝氏堡不是我們餐廳的最高競標者，差得可遠了。但是我記得掛斷那通電話時，對於付不起我的權利金而感到難為情。我記得吉姆和戴夫給我的支持及鼓勵，於是選擇他們，因為他們投資了我們的關係。

——皮特・麥奎爾（Pete McGuire），達拉斯及康乃狄克加盟主

第十六章

加入貝氏堡公司的決定

在一九六六年五月結束時，情況越來越明顯，麥當勞的成長比我們快很多，差距拉大了。他們擁有真正的財力、證實有用的房地產開發模式，以及通往金融市場的管道。這些都是我們所沒有的優勢。他們最近公開募股成功，為他們帶來驚人的氣勢，我想不出來要怎麼追得上他們，除非我們能強化自己的財務狀況。

就算我們在規模及收益方面落後領導者，我們依然被視為速食業的漢堡領域之中，排名第二的公司。我們的挑戰是取得擴張生意所需的資金，以便保持這個位置。我們開發房地產的能力會是取得未來成功的關鍵，而這需要大量新資金，或是找到更聰明的方式來取得房地產。

就個人而言，我在一九六五年思考了很多事，這些都會對決定公司未來走向造成決定性的影響。經過我們和布萊斯公司初步且令人失望的對談之後，我尤其感到氣餒。加上了解到自己無法提升在漢堡王的股份位次，更無法帶來多少安慰。我原本希望能買下公司更多的股份，但是既然沒有機會，我不得不考慮替代選項。或許最重要的是，我在生命中的這個階段，需要兌換籌碼取得現金，開始享受我努力付出的成果。在一九六五年，我在漢堡王的薪資是三萬二千五百美元，扣稅之後，我剩下不到二萬七千五百美元來養家。我沒有其他收入來源。

南西設法用我的薪水維持體面的家計，而我設法撫養十九歲的潘、十七歲的琳恩、十三歲的惠特，以及十一歲的小蘇西。這並不容易。這些孩子需要衣服、念大學的學費，還有其他我負擔不起的東西。我在絕望之餘，開口向哈維．弗魯霍夫以個人名義借錢，讓我們度過難關。現在回想起來，這整個狀況有點瘋狂。即使公司持續獲利，我還是無法給南西和家人一個像樣的生活。

我確定假如我跟董事會要求提高薪資，他們會照做；我不願提出這種要求，主要是由於自尊心。我覺得，而哈維也有同感的是，我們的最佳策略是把所有獲利全部再投入公司。說到控制成本，我是一個吝嗇的管理人。戴夫、哈維和我都相當積極，要藉由提出穩定增加收益的驚人紀錄，同時專注在增加公司淨值，繼而打造公司的名聲。我們的董事會從沒想過要宣告股息，而我們也從來沒根據個人工作表現來發放過紅利。我們的策略是專注打造公司的資本底線，並且盡可能快速擴張事業。

當貝氏堡向我們提出併購提議時，我傾向和他們展開討論。我對戴夫說明我的立場，他表示願意考慮這件事，雖然他對這個想法似乎不太熱衷。戴夫是我很看重的好友、同事及知己，在我們長期的關係之中，他向來很挺我的家人。我確定他願意支持我的願望，儘管他可能比較偏向看到公司保持獨立。戴夫非常善解人意，了解我有老婆和四個小孩要養。我告訴他，我想我們可以協商一個令人滿意的售價，以及我的個人情況強烈影響了我傾向出售的意願。戴夫告訴我，他願意看看貝氏堡的提案。

我們把這個想法告訴哈維，他似乎更無心於此，不過他感受到我和戴夫渴望能認真看待這件事，因此他從未強烈反對。我相信他比較想維持現況，撐過去，並且保持獨立，不過他和他的兒子巴德都不曾建議我們拒絕貝氏堡的提議。

雖然我們和布萊斯的討論並沒有實質結果，但是我和該公司的艾德·格拉斯梅爾保持聯絡，企圖協商出某種計畫來資助漢堡王的成長。一九六六年三月，他提出一個附買回協議的購股計畫，而我們沒人喜歡。我和董事會檢視這份計畫之後，回絕了這個主意。

我們嘗試了我們想得到的一切來加強財務狀況。邁阿密第一國民銀行（First National Bank of Miami）的執行副總裁，鮑伯・麥當勞（Bob McDonald）支持我們，提高我們的資金信貸額度。他試圖協助我們取得較佳的長期融資協議，這是我們擴張事業所迫切需要的，但是並未成功。我們竭盡所能，就是想不出來還有哪些有創意的融資計畫可用。

我在前往紐約的一趟行程中，拜訪了大通銀行（Chase Manhattan Bank）的執行副總裁華特・丹尼斯（Walter Dennis）。我和華特在哈維・弗魯霍夫位於德州的牧場碰面，當時哈維請我在他家住幾天，認識他邀請過來吃烤肉晚餐的喬治亞太平洋公司董事。這給了我一個機會和其中好幾位交談，包括丹尼斯先生。他似乎對我的漢堡王故事感興趣。和華特在紐約開了幾次會之後，令人失望的消息是，他想不出一個可接受的融資計畫。我們不斷嘗試，但是全都行不通。

接下來幾個月，我和紐約市各大金融公司的高級主管碰面，包括Stone and Webster、Eastman Dillon Union Securities、Francis I. DuPont、Carl M. Loeb Rhodes、Irving Trust、John Hancock Life，以及MassMutual。在某個場合，我和John Hancock的總裁談到成為資金贊助人。在看過我們的狀況後，他們考慮借款，不過他們要求比例不少的股票，當作借款的紅利。我告訴他們，我們對此沒興趣。這讓我想起了麥當勞在早期被迫接受的昂貴融資協議。麥當勞近期的公開募股及驚人的成功，讓我們覺得更有壓力要想出某些創新的融資計畫，不過一九六五年在毫無希望之中結束了。

一九六六年，肯德基成為上市公司，緊接著的是，我們在邁阿密的主要對手皇家城堡也上市了。壓力持續累積。一九六六年二月二日，哈維和我再次與布萊斯公司碰面，討論公司上市的可能性。二月四日，我和哈維長談我們已經很高的負債權益比，以及取得額外營運資金的需求。我們不斷在應付和籌措公司成長的資金相關的問題。

三月二十六日，我接到吉姆．摩爾（Jim Moore）的來電，他表明他是芝加哥ＪＭＢ顧問公司（JMB Consultants）總裁。他說貝氏堡公司有興趣找我們談合併的可能性，問我是否願意碰面討論這件事。我同意了，三月三十日，我們和泰德．加吉（Ted Judge）碰面共進午餐。他是貝氏堡的副總裁，當時是他們的合併與收購部門主管。在午餐期間，我得知貝氏堡對漢堡王的興趣始於他們從博斯艾倫的顧問收到的報告。

我給了加吉關於漢堡王的整體概述，包括我們的歷史和近期成長，以及在我們看來，漢堡王成長機會的一般評估。我請他提供關於貝氏堡的詳情，他就這方面提出一些中肯的資訊。他問我認為公司可能值多少錢。我告訴他，我們在深思公開募股時，是以兩千萬美元來估價。我認為這是我們的董事會可能願意討論的數字。我的計算基礎是，把期望在接下來的會計年度能賺取的稅後收益，再乘以二十倍。這場會議沒有做出結論，但是雙方都有足夠的資訊來仔細考慮。我需要時間把這些討論過程告知董事會，於是我請加吉提供一些關於貝氏堡的資訊，讓我交給我們的董事們。

一九六六年三月二十六日，貝氏堡公司和我們聯絡。他們先前聘僱芝加哥JMB顧問公司的目的，是為了和我們開啟討論合併的可能。

我認為我們交出了一張漂亮的成績單。一九六五年五月三十一日，在會計年度結束時，我們申報的稅後收益是四十四萬六千二百三十九美元，而且根據我們的獨立會計師及外部審計單位Peat, Marwick & Co.公司淨值顯示為一百零五萬六千六百一十二美元。幾個月後，當我們申報一九六六年會計年度結果時，稅後淨利為七十五萬八千零八美元，淨值增加到一百七十八萬九千六百二十美元。到了這時候，公司成長非常快速，在我們這一行，沒有幾家公司比得上我們在資產淨值能持續達到百分之五十到七十的年收益。

四月一日，也就是和加吉與摩爾的會議過了兩天後，漢堡王召開了董事會。我將貝氏堡所表達的興趣告知董事會，並且和他們分享我在前幾天和摩爾與加吉的討論內容。我也拿出布萊斯公司的提案，提議重新檢視考慮公開募股的想法。董事會的決定是，至少就當時而言，我們要延緩與布萊斯有任何更進一步的討論。

在接下來的兩週內，我們繼續和商業銀行家及投資銀行家會面，希望能想出一個可行的融資計畫。四月十四日，我告知格拉斯梅爾，我們決定不公開上市。隔天，我們收到來自萬通公司（MassMutual）承諾一百五十萬美元的長期貸款。這是我們第一個使用普通債券的漢堡王房地產融資方案，並且成為我們得以協商的許多日後及類似的普通債券安排範本。然而，就我們的整體財務需求來說，這個方案和我們的需求差遠了。

到了四月中旬，我們協商要替位在全國各地不同城市的七十六個店址取得或加入售後租回協議。這些交易大多數都和開發商有關，他們替我們建造符合規格的店面，然後直接將地方租給我們。在這些情況下，我們可以將餐廳直接轉租給我們的加盟主。這種安排並不需要或只需要極少的現金，因此有一段時間，我們得以在這種基礎下繼續成長。當然了，我們缺少的是較多的資金挹注，以及獨立擁有並開發房地產的機會。

四月三十日，JMB顧問來電，告訴我們貝氏堡在規劃提案時遭遇困難。在接下來的幾個月之中，我們只有偶爾接到他們的消息。我暫時把這件事拋在腦後，因為有其他更重要的事情要考慮。當時，我們忙著和幾家大型的壽險公司敲定許多房地產融資方案。

一九六六年八月末，貝氏堡的興趣又提高了。八月二十四日，我和我的首席財務長格蘭・瓊斯（H. Glenn Jones）前往明尼亞波利斯，並且和貝氏堡的泰德・加吉，以及JMB指派的協商代表華特・奎格瑞（Walter Gregory）共進晚餐。在二十五及二十六日，我們和貝氏堡的主管碰面，參觀他們的部分設施。和貝氏堡高階主管的討論十分有趣，並且聚焦在合併的可能性之上。

九月七日，奎格瑞從他的芝加哥辦公室打電話給我，詢問保羅・吉洛特（Paul Gerot，貝氏堡的董事長及執行長）、泰瑞・哈諾德（Terry Hanold，他們的首席財務長），以及泰德・加吉是否能和我們底特律的董事會，在九月十五日安排的一場會議上碰面。這可以接受，會議在哈維位於嘉德大樓（Guarding Building）的辦公室舉行。他們過來提出一項合併，包含貝氏堡普通及優先股方案。我們檢視後提出幾個問題，並且同意在我們有機會就更多細節考慮他們的提案之後，安排兩週內再次碰面。

九月二十八日，戴夫、我、我們的法律總顧問及董事湯姆・沃克菲爾德飛回明尼亞波利斯。我們和從底特律飛來的哈維及巴德・弗魯霍夫碰面。我們五個人在晚餐之前及用餐時，都在討論貝氏堡的提案。隔天，我們和貝氏堡管理階層開了一場馬拉松式的會議之後，達成了暫時性的協議，當天最後由貝氏堡總裁鮑伯・基斯（Bob Keith）和保羅・吉洛特作東，在明尼卡達俱樂部（Minnekada Club）共進晚餐。隔天早上，在一場簡短的收尾會議後，我們飛回邁阿密，而弗魯霍夫父子回到底特律。然而，這其中少了一件事。吉洛特清楚表態，除非貝氏堡擁有漢堡王的商標，不然這筆交易就談不成。

一九六一年和班・史汀簽訂的合約，給了我們在世界各地發展漢堡王的權利。在那份合約中，我們持有商業名稱、服務標誌以及商標，而且我們承擔管理及保護的責任。我們提供給史汀的唯一報酬是，無論我們每個月收到多少權利金，都要提撥百分之十五給他。

到了一九六三年，邁阿密收到的權利金源源不絕。

這時候，我們和史汀簽了合約，我指示我們的簿記員每個月開一張支票給他，支付他百分之十五的那一份，也順便記錄了付了權利金的餐廳，附給他參考，這樣他就可以預期未來可以收到多少錢。我想他一定可以從這些數字看出一些端倪來，因為每個月的支票金額越來越高了。

當然了，我們也能看得出目前的情況。我向來知道，有天我們會付給史汀一大筆錢，買斷他的股份。一九六二年，我們簽訂合約過後一年，我記得他提到的數目是十萬美元。

不幸的是，一九六二年的我們根本付不起這種數字。我唯一的回答是：「班，我不相信我們有絲毫可能籌得到十萬美元，但是我想考慮一下，晚一點再給你回覆。」他說沒關係，他很樂意看到我們有所進展。我想只要我籌得到錢，我會盡快給他回答。

大約六個月後，我又打給他了。事情進展得很順利；事實上，是順利得不得了。我們的加盟主不斷擴張，每一位都經營得非常成功，而且我們的加盟需求不斷累積。權利金以飛快的速度入袋，我們的未來展望一片光明。獲利快速成長，我們把這些錢又投入經營上。有了不斷增長的獲利，我們得以從營運之中產生足夠的現金流量，讓我們擴張的穩定速度保持下去。

當我認為我可能籌得到十萬美元時，我打給史汀，並且說：「關於我們幾個月之前的談話，我有辦法籌到你提過的十萬美元了。我想要買斷我們的合約。」他一如往常立即回答。他只是說：「吉姆，關於那件事，我又想了一下。你們在打造自己的事業上表現得很好，我想你們未來會更出色。你的權利金會大量增加，我的這一份也是。我認為我的股份現在值三十萬美元了，而且以後可能會值更多錢。我準備以三十萬美元來跟你談交易。你何不考慮一下，讓我知道你想怎麼做。」這和我們第一次談的十萬美元一樣不可能。我決定擱置這件事。我們會讓生意成長，每個月付百分之十五的權利金，然後就這樣吧。在無法取得我們迫切需要的融資之餘，我看不出來有任何其他替代方案。

一九六六年後期到一九六七年初，當我們和貝氏堡的協商正在進行時，我們每個月都付給史汀一大筆不斷增加的金額。貝氏堡看得出來，假如生意依照我的預測成長，我們會每年付給史汀一筆巨款，然後還有商標的問題。貝氏堡董事長保羅．吉洛特打給我，說：「吉姆，我們必須擁有漢堡王商標的所有權。少了這部分，這場併購無法完成。你會設法替我們取得那些商標嗎？」我說：「當然了，保羅，我會直接和史汀談這件事，然後給你回覆。我確定他不會阻礙併購行動，不過我認為他的開價會很高。」

我打給史汀，告訴他目前的狀況，提到貝氏堡提議併購我們的公司，不過前提是他們要取得商標，而且取消我們簽訂的權利金分享合約。我請他給貝氏堡和我一個價錢。他沒想多久便說：「吉姆，我相信它現在值二百五十萬美元，而且我會樂意以這個價錢出售。」我只是回答：「讓我來轉告貝氏堡的人。」然後便掛斷了。我打給吉洛特，他同意付錢。合約和我們的同時擬定、簽訂並完成。

貝氏堡同意付二百五十萬美元給史汀，他要求多五萬美元來支付他的律師費用。貝氏堡也同意了，因此解決了可能阻礙併購的商標權利金問題。

當史汀違背原先的條件，多要了五萬美元時，我感到失望又有點惱怒。這並不會造成戴夫、哈維或是我的負擔，因為我們的交易條件是雙方同意並了解的；讓我感到煩心的是，史汀在最後一分鐘，改變了原先的承諾。我不習慣那樣做生意。

我認為貝氏堡在這件事上遭到刁難，我告訴史汀，我對這件事很不滿。但是除了發洩一點怒氣，我的強烈態度起不了任何作用。合約簽定時，史汀會拿到二百五十五萬美元的支票，就算貝氏堡或保羅．吉洛特對額外的五萬美元感到不滿，他們也從未對我提起。

我們收購史汀的合約是樁好交易嗎？或許答案就在眼前：到了一九九六年，漢堡王的全系統銷售超過一年八十億美元，權利金收入根據計算大約是一年二億四千萬美元。假如當時合約和那百分之十五的條款有效的話，班．史汀的傑克孫維公司一年會收到超過三千五百萬美元。當然了，合約是否會持續那麼久很難說，應該早就會安排某種結算了。

這時候，我們在邁阿密的辦公室正忙著招待貝氏堡的會計師及律師，這群人正在進行實質審查的過程，要確認我們提供給他們的全部資料。

十月二十七日，吉洛特與哈諾德回到邁阿密，同行的還有貝氏堡的公司秘書包柏．豪爾（Bob Hauer）。他們要來討論剩餘的問題，並且在併購合約方面達成最終協議。哈維、戴夫和我結束了和吉洛特與哈諾德的討論，解決其中所有的重要議題。我們在克拉蓋柏茲的里維拉鄉村俱樂部共進午餐時，做出了結論。

十一月一日，吉洛特將他的建議呈報給貝氏堡董事會。十一月二日，我接到兩通電話：一通來自吉洛特，他建議他的董事會考慮這件事，並且在一週後再次碰面，做出最後決定。另一通電話是哈維．弗魯霍夫打的。他說他認為我們和貝氏堡做了一場糟糕的交易。哈維似乎對於提議的併購案不太滿意。他這麼晚才有這種想法，令我感到失望。

隔天，我和班．史汀以及他的律師團開會，從早上九點一直開到下午兩點半。他同意給我們選擇權，在商標授權收購案以二百五十五萬美元成交，時間到一九六七年五月三十一日為止。這個選擇權要價五千美元。

隔天，哈維和我碰面，消除他的顧慮，我也通知吉洛特，我們都同意了。隔週，貝氏堡董事會開會，核准併購案安排，除了某些特定條款牽涉到貝氏堡優先股。過了幾天，我在德州和哈維談，他同意吉洛特提出的變動。

十一月二十九日，哈維回到邁阿密，和吉洛特、戴夫和我碰面。我們在我們的新辦公室開了一整天會。我們搬到了最近新蓋的一棟兩層樓新辦公大樓，因為自從一九五七年便為我們提供絕佳服務、位在珊瑚大道第七號店後方的辦公設施，現在已經容納不下了。

吉洛特在他提議的漢堡王併購案的條件方面，和貝氏堡董事會發生了一些問題。對於貝氏堡的許多董事會成員來說，併購提案相當棘手，因為他們相信付給漢堡王的價格太高了。貝氏堡公司原本是國內最大的麵粉製造業者之一，在近幾年才涉足生產與銷售消費者食品。這有很大部分要歸功於吉洛特的直覺和領導能力，讓貝氏堡走出基本商品生意（穀物及麵粉），進入了更有獲利潛力的事業。

貝氏堡在一九六六年的淨利僅達到一千一百萬美元。貝氏堡普通股有四百三十九萬九千六百七十八股流通在外，在紐約證券交易所以每股三十五美元賣出，該公司市值只有一億五千萬美元。

為了滿足我們開價的二千萬美元，貝氏堡提議發行四十萬股普通股，以及價值大約五百萬美元的可轉換公司債。我們同意這種方案，這一來，漢堡王的股東會擁有貝氏堡的百分之十左右的股權。對於貝氏堡的某些董事來說，要這麼可能比較困難；其中有幾位對餐飲業的了解僅止於這麼做有風險，因為大家都說失敗率很高。另一個難處是關於數字，以及貝氏堡公司會參與一種他們一無所知的事業。

這種感覺就像是離開了企業的根基，可能會惹來一場災難。萬一漢堡王不賺錢呢？吉洛特已經忙得不可開交了。他提議發行將近兩千萬美元的貝氏堡股票，以便收購漢堡王公司。這家公司在一九六六年會計年度的有形資產淨值僅達一百七十萬美元，而盈餘只有七十五萬八千美元。對許多董事來說，這似乎是一個非常高的買價。

後來吉洛特對我說明，他的董事會提出強烈質疑。「你為了管理團隊付太多錢了。」他們爭辯著，而他對此的回答是：「要是少了管理團隊，我不會想以任何價格收購。」最後董事會同意提議這個併購提案，詢問我們是否能接受少許更動。

後來，吉洛特飛到邁阿密，提出了最終協議。哈維、戴夫和我與他一同準備最終協定，把這件事交給我們的律師席爾曼與史特林的紐約事務所，指示他們準備並核可適當文件。一九六七年一月十九日，吉洛特和我發表了共同聲明，表達我們要合併兩家公司的意圖，而我將我們的決定通知漢堡王大家庭的每個人。

從宣布要加入貝氏堡公司的那時起，直到一九六七年六月二十一日，當併購案排定了時間，我們便忙著和律師及會計師根據我們與貝氏堡管理階層達成的協議，敲定所有細節。這包括了頻繁來往於邁阿密、紐約及明尼亞波利斯之間。和史汀所簽訂將漢堡王的名稱及商標轉移給貝氏堡的合約已經完成，而且我們自己和併購案相關的合約終於擬定、同意並簽署了。一切如期在六月二十一日完成。

在併購案完成的第二天，我和南西與孩子們在明尼亞波利斯機場碰面。我要他們感受到，我們一家人是這個特殊場合的一份子。孩子們從小到大都知道漢堡王是「戴夫叔叔和爸爸的公司」。

我們從機場搭計程車進城，以便我將家人介紹給貝氏堡管理團隊成員，並且看看他們的一些辦公設施。不消說，在貝氏堡於九月份召開的年度股東會上，我會被推選進入董事會。我會立刻加入貝氏堡管理團隊，繼續擔任漢堡王公司的董事長及執行長。

我的家人來到明尼亞波利斯的另一個原因是規劃好的家庭假期。離開貝氏堡辦公室之後，我們回到機場，飛往加拿大溫尼伯。我們在那裡搭乘加拿大國家鐵路火車，前往位於落磯山脈的傑斯珀。我們在臥鋪車廂有鋪位，一起享用一頓愉快的晚餐，火車則往西奔馳，穿越曼尼托巴及薩斯喀徹溫省的麥田及城鎮。

隔天下午，我們抵達傑斯珀，租了一部預約的旅行車。接下來的五天，我們暢遊加拿大洛磯山脈的壯麗山區，有奔騰的溪流、瀑布、美麗的湖泊、雪原及冰川。在班夫溫泉酒店及路易絲湖城堡飯店這樣的優雅度假旅館住宿，以及在班夫及傑斯珀打高爾夫球，更增添我們的樂趣。在這之後，我們開車前往加拿大的瓦特頓湖國家公園，而我們住的是威爾斯王子飯店。我們放眼望去盡是壯觀的美麗風景。我們跨越國界，進入了蒙大拿州壯麗的冰川國家公園，住宿在質樸的麥當勞木屋。在七月初，沿著向陽大道的龐大積雪令人嘆為觀止。

我們開往蒙大拿州大瀑布，歸還旅行車，飛往懷俄明州的喀斯珀，再租了一輛車，開往沙拉托加的老巴迪俱樂部。這是我們第二次來到老巴迪，後來成為我和南西每年都會造訪之處，孩子們也常過來這裡，近年來，連孫子輩也是。在俱樂部度過愉快的一週之後，我們開車到丹佛，然後飛回家。

我需要這趟假期。多年來，我有超過三分之一的時間都不在家，總是在忙漢堡王的生意，尋找地點、處理租約、籌措資金，以及和加盟主碰面。和貝氏堡的協商以及和貝氏堡管理階層的近期會議，又瓜分了我更多的時間。能有機會和家人相處幾週真是太棒了，我充分休息之後回來，對於展開和貝氏堡的合作充滿熱忱。

我回到邁阿密，面對新角色的挑戰，擔任貝氏堡管理團隊成員以及公司董事。在併購之後，我的個人境況進入了全新的階段。

我的薪資從併購之前的三萬二千五百美元，增加到每年六萬七千五百美元。除此之外，他們告訴我，當漢堡王達到特定表現目標之後，我會拿到紅利。我先前從來沒有任何股利收入，因為我從來就沒有任何錢能投資股市。我在我們的交易之後拿到的貝氏堡股票，立刻開始為我帶來每年九萬美元的股利，而且在未來，股利很可能繼續增加。我期待我的貝氏堡股票價值會逐年增加，是基於我預期漢堡王會提升貝氏堡的收益，結果應該會對他們的股價有正面影響。這些增加的個人收入，能大大舒緩我所承受的財務壓力。尤其令我安慰的是，我知道在出現財務緊急的狀況下，我能在市場上賣出我的貝氏堡股票。

一九六六年，潘離家前往佛羅里達州大學就讀；而在一九六八年，琳恩準備要去念俄亥俄州牛津市的邁阿密大學。就我的個人財務狀況來說，我不會有任何進一步的財務憂慮，而且我準備要把所有注意力放在經營事業上。對我來說重要的是，我要成為貝氏堡管理團隊之中表現出色的一員。我要向很多人證明很多事，而且最重要的是，我想要向貝氏堡董事長保羅·吉洛特，以及貝氏堡主管們證明，併購漢堡王是一項非常棒的投資。我當時四十一歲，對自己很滿意又有自信，而且無論是就我個人情況，或是漢堡王快速成長及發展的前景，我都感到萬分期待。

回顧我們和貝氏堡合併的交易，我相信戴夫·伊格頓與哈維·弗魯霍夫對這件事的評估完全正確。這兩位夥伴都相信，我們應該繼續成為獨立公司，而且雖然他們同意我的說法，相信需要加強我們的財務狀況，他們會偏好由我們自己來。我偏好賣斷的理由或許有點太過自私自利，我不相信我在評估當時的整體狀況時，表現得非常聰明。

或許我們可以探索許多財務替代方案，讓我們的許多財務選項保持開放，改善我們在企業的個人風險。事實上，漢堡王注定要在一個時機已成熟的產業之中，成為主要參與者。我們三個都知道這點，我們知道要相當無能的管理團隊才會讓公司偏離軌道。我們的系統和我們做生意的方式太好也太強，不太可能發生這種事。

重要的是要知道，做生意的任何重大決定，都要使用當時能夠取得的資訊及脈絡。後見之明只是完美的幻影。

對於第一次出現買斷提議的回應，哈維和戴夫是對的，而我錯了。我的錯誤是，我立刻受到我個人及專業財務目標和達成目標的渴望所驅使。我並未運用足夠的判斷力去考慮這件事的所有面向。我單獨經營事業二十年，但我依然沒學會在一頭栽進這種情況之前，要猶豫、深思、考慮及行動。二〇〇〇年，漢堡王公司的價值落在十到二十億美元的範圍內。這是現存第二大規模完整的速食連鎖企業。這是向多年來協助打造這份價值的許多人士及組織致敬。

誰會知道，如果運用另一種不同的策略，會有什麼樣的結果。

⊙領導者帶領人的影響

想像這些細節：十八歲，從古巴來到邁阿密六年，在幾個月前受到漢堡王公司（擁有兩百多家餐廳）錄用，擔任打雜小弟，在一個叫做勤務中心的部門開始工作。

錄取時，部分培訓過程包括兩個要素：

1. 漢堡王的創辦人有兩位：吉姆．麥克拉摩及戴夫．伊格頓。我看到兩人的照片。
2. 公司最近由貝氏堡，那家有麵團小子標誌的公司以高價併購。

身為打雜小弟，我的工作需要跑遍公司大樓的每個角落，當時這包括了一棟兩層樓建築，其實不太大。我負責所有雜事，包括給車加油、去機場接人、泡咖啡跟洗碗盤等。

有時在週六，吉姆會過來大樓，在他的辦公室待一些時候。有一天，當我在搬動他辦公室附近的大型檔案櫃時，他問我的名字、我的職務、我有什麼志向，還有幾個關於我來自古巴的問題。「休息一下，坐幾分鐘吧。」他說。

我本身很好奇，於是問他是怎麼起家的，他因此跟我說了他的詳細過去，包括邁阿密市中心的一家餐廳，以及他和戴夫想出華堡這個名稱的路邊攤。我告訴他，在我抵達邁阿密的那天，我父親帶我去吃華堡，以及到那時為止，我已經有超過一個月沒嘗過肉味了。

令我感到驚嘆的是，漢堡王公司總裁竟然花時間跟我談話。我是一個微不足道的古巴小男孩，菜鳥一個，沒見過世面，而他花時間在我身上，令我感到自己很特別，甚至是重要的。

我年輕又天真，問了他一些問題，像是：「麥克拉摩先生，我剛看到你的秘書要一個橡皮章，上面是縮寫，NFW。我是否能問那是什麼意思呢？」他帶著一絲微笑加傻笑（他的招牌表情），回答說：「那是要讓我給那些無理要求所蓋的章，意思是『絕對他 %$#@ 的不可能！』」

在那之後，我們成了走道夥伴。在公司工作了幾個月之後，我換到同一個部門的不同區域（影印部）。兩年後，我接管一個一人部門，後來發展成十二位職員。他會跟我拿我的部門成長開玩笑，並且拿來和他的故事相提並論。

吉姆成為我的精神導師。在我待在美國的那段時間，他是我認識的人之中，唯一功成名就的人。

他的回答之中帶著冷靜、自信和真誠，成為我的公司學校世界教育的一部分。他經常給我建立自信的評論，並且和我分享有趣得不得了的事情，像是他會一直留著收據，以及他是如何把華堡規劃成一種商品，讓你能在咬下漢堡的時候嘗到那些食材的滋味。

我非常欣賞他這個人，以及他所代表的一切，甚至成為他的家庭友人。這一切都是從雙方的一絲好奇心開始的。

——羅蘭德・加爾西亞（Roland Garcia）

原始印象（Original Impressions）執行長及創辦人

第十七章

加入團隊

和貝氏堡協商時，我提出一項條件，漢堡王要成為可以獨立營運的子公司。六月二十六日，就在併購成功之後五天，鮑伯．基斯寫了一份政策聲明，在某種程度上是用來加強這種協定。在聲明中，他說：「我們做成結論，漢堡王將以自主型態營運，而且貝氏堡的人在管理時，必須顯示毫無侵權或接管的證據。」基斯繼續說，他覺得貝氏堡擁有漢堡王成長及發展價值的能力，以及「至少在第一年的營運期間」，是否使用這些資源是我的權力。

我指望貝氏堡會採取更主動的角色，決定公司的策略方向，並且能投入許多營運及策略方面的決定。不幸的是，漢堡王的創業精神、親力親為，以及憑藉經驗的管理風格，將會遭遇挑戰。

一九六七年九月十二日，貝氏堡舉行年度股東會，而我被要求介紹漢堡王的故事。我說明我們擴展生意的策略，並且推測我們的成長潛力。在那場會議上，保羅．吉洛特從貝氏堡管理階層退休了，並且在他服務公司三十八年的期間所貢獻的領導力也受到了認可。我的談話大意是，吉洛特是漢堡王併購案的重要策劃者。由於我們對他的高度敬重以及他所做出的表現，說服了我們加入貝氏堡公司。我非常遺憾見到他退休。

我並未出席貝氏堡董事會九月份的會議。依照接下來的時程安排，我會在股東會議上受到推選。羅伯特．基斯二世被推選為主席及執行長，泰倫斯．哈諾德被推選為董事長及首席財務官。基斯榮升主席的附帶條件是，哈諾德要被推選為董事長。後來我明白了，這份最後通牒並未受到董事會的接受。許多董事覺得哈諾德可能不是擔任董事長的適當人選，我本身和哈諾德的問題幾乎立刻浮上檯面。

十一月，我第一次和貝氏堡董事會成員開會。鮑伯・基斯要我對漢堡王的部分提出一些看法，我利用這個場合向董事會保證，他們的併購交易是一個睿智的決定。我跟他們說了一點公司的歷史，並且回顧我們在近年來的進展。對於不斷成長的速食產業以及漢堡王公司在其中的領導能力及參與，我難以隱藏滿懷的熱忱。我知道董事會有幾名成員覺得貝氏堡可能為了漢堡王付了太多錢，因此我特別表達我的信念，在一段相對短期的時間內，漢堡王會成為公司的主要驅動力及並貢獻獲利。在後來的發展之中，我的看法證明是高度精準的預測。

十二月十九日，我寫了一封信，概述我想做的提案，要求主席准許我在一九六八年一月的董事會議提出簡報。這包括了建議我們在不久的未來，替漢堡王公開募股。我的說法依據的事實是，麥當勞和肯德基最近成了上市公司，而且目前正以極高的本益比賣出。麥當勞目前以四十倍的盈餘賣出，而肯德基是以四十五倍的盈餘賣出。他們能提出非常高的價錢，收購加盟主的事業，他們使用的「貨幣」是自己價值極高的股票。這是籌措擴張生意所需資金的理想方式。

我告訴基斯，我預期漢堡王在下一個會計年度的稅後收益會達到二百五十萬美元，而且再過幾年，可以輕易成長至五百萬美元。漢堡王成為上市公司，以三十倍盈餘賣出的前提下，將會擁有最少七千五百萬美元的市值；以四十倍盈餘賣出的話，則可能高達一億美元。假設我們的收益會成長到五百萬美元，公司的價值很容易就能有一億二千五百萬到二億美元之譜，這代表他們為了併購公司，在六月發行的股票將有超過二千萬美元的溢價。我的想法是，這會替貝氏堡打造出一個龐大的獲利機會，同時幫助漢堡王更加快速成長。我想提議這個策略，因為以子公司的方式營運六個月之後，我已經開始質疑貝氏堡的能力，以及它是否有決心支持我們想追求的快速擴張及房地產開發策略。

漢堡王加盟主很清楚，當時投資者為餐廳股票所付出的高價。我相信他們有許多人有興趣把他們的事業賣回給漢堡王，尤其假如它是一家上市公司的話更是如此。大部分的加盟主想要留在這套系統，繼續在裡面成長。對這些加盟主而言，這等於是放心地知道，他們的事業總是會有市場。主席似乎對這個主意很感興趣，把我加入了會議的議程裡。

當我在股東會上發表談話時，我請大家注意近期大型餐廳連鎖事業受到大公司收購的案例，而這些大企業大多是消費者食品製造公司，像是貝氏堡。這很驚人，而且讓大家察覺到速食餐飲業的成長潛力。我特別讓董事會注意到許多近期發生的合併、新設合併及併購案。

一九四九年，當我開設第一家餐廳時，這整個外食市場的商機不到一百億美元，在一九六六年僅達二百三十億美元，而該市場的速食部分僅有三十五億美元。到了一九九六年，單就漢堡王的系統銷售業績便超過八十億美元，而產業本身成長到超過二千二百五十億美元！一九六七年，餐飲業真正充滿機會的年代依然遠在未來，因此大家真的難以想像這會是全力投入這個尚未證明真正潛力的產業的正確時機。

我加入貝氏堡管理團隊的六個月以來，使我相信貝氏堡並不會像麥當勞一樣積極。我認為假如他們採納我的提議，貝氏堡會比較願意讓漢堡王以獨立的方式運作，他們只要等著分紅就好，不需在營運擴張方面多費心。

董事會興致勃勃地聽取我的簡報，提出一些好問題。然而，管理階層並未進一步考量這個想法，這件事最後無疾而終。

這次，我學到關於公司程序的寶貴一課：把我自己的議程直接帶到董事會上並非很好的作法。這是管理階層的工作，是他們的特權和責任。我不懂這是禁止的程序，因此破壞了這套系統。我對公司程序的全新領域不熟悉，就應該要更有判斷力才對，而不是做出這種譁眾取寵的舉動。做這份簡報讓我明白了一件事：情況變得更明顯了，和漢堡王未來成長相關的策略已經有了決定。貝氏堡會使用傳統方式來資助漢堡王的成長，而發展步調會比我原本希望的更和緩一些。

貝氏堡在漢堡王追加資本部分投資了數百萬美元，他們也核准我們借貸到最高額度。這表示在未來，我們會需要符合評級機構認為可接受及適當的標準負債權益比。根據傳統融資方式，我們在日後運用於房地產開發的債務額度方面會有限額。麥當勞則沒有這種限制，因為他們的成長策略並未採用傳統融資方式。他們的獨特融資方式使得他們擁有並控制所有的房地產，因為他們是依每個地點的各自價值來提供資金。這些年來，這種策略獲得相當大的成功，並且讓他們躍升到令人豔羨的全美最大房地產業主地位。這種策略和他們處理房地產的所有權方式，為他們的股東帶來巨大的利益及優勢。

在我的督促下，貝氏堡管理階層檢視了麥當勞的融資策略，但是不願做出類似的承諾。這個決定除了讓貝氏堡失去有形的財務報酬，在管理加盟主方面也失去了某些影響力。在未來的日子裡，這因素的重要性將日益增加。

身為地主，麥當勞可以更強力堅持加盟主配合他們要求的餐廳營運標準，當合約取消時，表現不佳的營運者會遭到剔除。漢堡王要採取這種方式的話會有點困難，因為我們唯一的手段是靠我們的能力及權力，加強涵蓋在我們加盟合約中的條款。真正的王牌是租約本身，以麥當勞的例子來說，只要無法符合公司的營運標準，加盟主的下場會是失去租約及事業。我懷疑麥當勞的任何加盟主會願意在這種情況下，大膽挑戰母公司。

一九六八年十月十四日，一個悲傷的時刻，哈維．弗魯霍夫與世長辭。他向來是一位摯友、顧問及導師。我對於他的辭世感到深切遺憾。我飛到底特律參加他的葬禮，花點時間陪伴他的妻子安潔拉。我讀了一段我所書寫，並且經由董事會通過的悼詞。它表達了我們大家對這位不凡人士的高度敬意，內容如下：

> 在我們的雇員、同僚、長官及董事的心中，永遠懷念弗魯霍夫先生這位友人、同事及顧問。我們都了解他，也非常尊敬他。因此董事會在此要對哈維．弗魯霍夫先生的辭世表達深切哀悼。我們進一步決議，這份感謝詞將會刊載於公司的永久紀錄上，也會送一份認證副本給他摯愛的妻子，安潔拉．弗魯霍夫。

我們的資深財務副總裁、摯友及貢獻良多的員工，格蘭・瓊斯在一九六八年辭世後，萊絲莉・帕薩特（Leslie Paszat）隨後加入了我們的公司。一直到一九七〇年代，萊絲莉在公司裡扮演了重要的角色。

一九六七年三月十日，併購案完成之前的幾個月，泰瑞・哈諾德和保羅・吉洛特加入了漢堡王董事會。一九六九年八月二十一日，戴夫・伊格頓辭去了漢堡王的主管及董事職位。他看出了在營運風格及公司文化上的轉變，而他兩者都不喜歡。戴夫從一開始對漢堡王組織的貢獻是眾所周知的，他的離去是公司歷史上一個重要時代的結束。他的離去提醒我，一切都再也不會和以前一樣了。

一九七一年，保羅・吉洛特辭去董事會，而鮑伯・基斯和貝氏堡財務長葛斯・唐豪依（Gus Donhowe）加入了。我覺得在貝氏堡的所有人之中，保羅和其他人一樣，甚至更了解漢堡王組織。一九七三年十一月二十一日，巴德・弗魯霍夫辭去我們的董事會，過了幾年後，湯姆・沃克菲爾德也辭去了。漢堡王董事會的組合出現這些重大改變，公司在實質上變成貝氏堡公司的一個營運部門。漢堡王雖然以獨立子公司的方式營運，但開始一板一眼地遵從母公司強制執行的規矩運作。

一九六八年，我對於這種新關係的某些方面感到極度沮喪。我所提出的許多看法和建議，似乎一直都和貝氏堡管理階層的意見相左。這引發了嚴重的問題，我是否能勝任一位專業的公司經理人？我在二十年來的職涯中，一直都是自己的老闆。在全新模式下，我需要在主要行動上和他人磋商、審查、辯論，並且獲得批准。對我來說，這不是我熟悉或感到自在的管理風格。我認為這樣很沒效率，而且難以習慣。

對於任何身處類似狀況的人，我的建議如下：當你面對和你不同的管理風格挑戰時，重要的是提醒自己，關鍵在於適應能力。當你處在組織的領導地位時，你的責任是繼續朝共同目標前進，要自己為在接下這個角色時所做出的承諾負責。

第十八章

融入企業模式

一九六八年，貝氏堡的高層派了一位工業心理學家到邁阿密，目的是要評估漢堡王管理事業的方式。他受到指示要訪談我們的每位高層主管，包括我在內，然後回到他對我們的管理風格、強項及弱點的評估。我對這種過程不熟，但我們還是完全配合。我認為他做出很多驟下的結論，其中之一是我對經營事業的細節管太多了。

他把這些結論回報給明尼亞波利斯之後，我受到越來越多的壓力，要我把更多責任分派給管理團隊的其他成員。這麼做的目的是要我抽離直接且親力親為的經營方式，也就是我特有的領導風格。他們的解釋是，如果我能從公司的具體細節面抽手，把注意力放在「大方向」，對公司的長期利益來說會有好處。他們的觀點是，我應該成為策略家，把經營企業的日常細節交給其他人。

我能理解貝氏堡的經理人可能受到類似的訓練，大企業必須以這種方式運作，但是我無法同意這是我們要採取的正向步驟。我想身為管理團隊的新成員，他們會指望我依照明尼亞波利斯的方式做事。

培養不同的管理風格對我來說會很困難，我既失望又不滿，我們和貝氏堡的關係才剛起步，他們便要求我改變我經營公司的方式。我向來覺得需要和我們的高階經理人保持親近，而且和決策活動要更緊密。多年來，我培養出對加盟主的深厚承諾感，而且我不想削弱或玷汙那份重要的關係。要維持我對企業的敏感度，我需要時時得知這類事務，例如房地產收購、給予加盟權、開發新地區、為事業籌措資金，還有許多其他在早期對我們的成功有諸多貢獻的事。

要我從這種直接且完全的參與方式抽手，對我來說是無法想像的；要中斷在這些關鍵年代如此有效的管理風格，根本沒道理。

警鐘開始在我的耳中響起。我開始認為我們的創業取向事業將會經歷一段艱困的時期，在這種奇怪的新企業關係中求生。直到這時候，我們的管理風格帶來卓越成果，以及前所未有的高昂士氣。近年來，我們平均的年權益報酬率高達百分之七十五，我們是業界的領導公司之一。我們的表現出色，未來前途光明，這時候不適合撼動我們的領導力措施。不過這個訊息很清楚，我們必須開始「照他們的方式做事」。這是接管漢堡王企業營運所開出的第一砲。或許我們早料到會有這麼一天，只是意外這麼快就來臨了。

我尊重貝氏堡的建議，將亞特・羅斯沃爾（Art Rosewall）拔擢為團隊副總裁，最後讓他負責餐廳及加盟部分。亞特是資深管理人，他開始建立組織結構，接管這些責任。貝氏堡管理階層很滿意，但是我覺得做出這項改變之後，組織的某些光彩彷彿便消失了。有些改變是從我開始。從每日商業活動抽離，導致我失去了我在過去一直感受到的某些高度熱忱。

我把我們過去的成功大多歸功於我向來扮演著激勵人心的角色。除了我的主要職責之外，我覺得我也負責打造夢想、建立目標，並且承諾勝利。二十五年後，當我擔任費爾柴德熱帶花園總裁時，我向管理主管提議，我們的新聞刊物刊登一個專欄，標題為「夢想與目標」。我們從不曾舉辦過募款活動，不過在短短幾年內，我們募集了一千萬美元。每個人都興奮無比，因為大家喜歡待在勝利的團隊之中。一個坐在辦公桌翻閱文件的領導人，很難去激發人心，讓大家覺得他們在打造企業的過程上扮演重要的角色。

某種措施正在進行，用來取代原本高度集中管理的企業結構。這種改變會讓貝氏堡比較容易把漢堡王組織吸收到他們的行政結構裡，這可能是他們原本的用意。結果漢堡王管理階層變得越來越少參與真正的決策過程。這其中的許多缺點之一是，它會讓效率低落。

一九六九年七月，貝氏堡的執行長飛到懷俄明州沙拉托加，就是我和家人共度兩週假期的地方。他搭乘公司的 Sabreliner 噴射機抵達，入住老巴迪俱樂部之後，立刻進入主題。他問我是否有興趣成為貝氏堡公司的下一任執行長。這問題出乎我的意料之外。

我告訴他，我無法想像自己是該職位的適合人選。這是一場非常簡短的談話。稍早，我想過在貝氏堡公司往上爬的可能性，不過經歷了併購之後兩年的企業運作，承受了目前的挫折感之後，我的結論是，我不是該職務的合理人選。

搬到明尼亞波利斯的想法並不吸引我，因為我一心只想住在邁阿密。我覺得我不會享受或擅長管理一家多樣化經營的大公司。我沒有那方面的訓練或經驗。幾個月前，執行長手寫了一份便箋給我，說他認為我是他見過最棒的執行管理者，而我相信他在寫下這番話的時候是發自真心。我深深相信，就漢堡王而言，我是在對的時候的那個對的人，但是我沒有其他的幻想念頭。

一九六九年十一月，在美國商務部的敦促下，我加入了一個五人貿易代表團，前往日本。我認為接受這趟行程符合我從漢堡王的每日營運抽身的打算。我把它視為一起「大方向」事件，目的是要決定在日本建立漢堡王的可能性。

在日本待了兩週，我了解當時在那裡沒有美式速食餐廳，不過有一家肯德基在大阪世界博覽會會場進行施工。這家店安排在一九七〇年春天開幕。在我看來，這個市場具有爆炸性的商機。我和日本的所有主要貿易公司及數十家商業機構的貿易高層及政府代表見面。

我仔細觀察日本商業公司的組織及運作方式。我造訪大阪、橫濱和京都，在東京花了很多時間，和有興趣來到美國的各種機構代表聯絡並做特別安排，討論和我們建立合資企業。當我回到美國，我和貝氏堡管理階層分享我的熱忱，表示我相信建立日本合資企業會是一個大好機會，而且能相當輕鬆地應付。我在日本談過的公司擁有可用的管理團隊及地點。

明尼亞波利斯的高層覺得，他們的國際部門應該負責這項企劃。我認為這個想法簡直荒唐。他們對於餐飲事業一無所知。我向國際營運部門主管提出這個概念，對方也認為這是個瘋狂的主意。我們倆都相信，這該由漢堡王組織來處理，但是高層並不這麼認為。我保留這個議題，在日本代表團來到邁阿密拜訪我們之後，送他們去明尼亞波利斯，但是沒有結果。

麥當勞看待這個機會的眼光就不一樣了，他們並未多加考慮便倉促參與。一九七一年七月二十日，在我的日本行過後十九個月，他們在東京銀座區開了第一家餐廳。到了一九九六年，他們建立的合資企業成長到超過一千一百家餐廳。他們表示，這是目前為止，他們最大且獲利最多的國際餐廳部門。自從他們的第一家分店開幕後就一帆風順。

沒有抓住日本的機會已經夠令人沮喪了，貝氏堡不願意追求美國龐大的國內潛力，更令我持續感到幻想破滅。這是一個唾手可得的大好良機。對日本企業缺乏支持態度，和對漢堡王企業缺乏熱忱的整體態度如出一轍。

在一九七〇到一九七一年，貝氏堡管理階層對於加盟和房地產的開發，衍生出一種越來越負面的態度，我難以理解他們怎麼會覺得不把焦點放在加盟上的話，會有辦法讓漢堡王的生意成長。他們準備縮減加盟規模，有許多次在漢堡王董事會會議上，當我們的高層管理團隊出席時，我支持加盟和房地產是公司未來長期最佳利益的立場，遭到了質疑。貝氏堡管理階層就是不同意這種立場。這件事引起的累增壓力成了一個問題，加深了邁阿密和明尼亞波利斯兩邊之間已經存在的鴻溝。我們在這個重大政策議題上的觀念落差，增強了逐漸增長的負面態度，後來演變成敵對的狀態。

這演變成一個真正的公司問題。我覺得假如我們無法解決這個基本的政策議題，我們會發現錯失在我們眼前最大的公司機會。這個議題免不了會在漢堡王的會議室熱烈激辯。在某次的會議上，我們的管理高層全部出席，我提出計畫來振興我們的加盟方案。明尼亞波利斯管理階層不只反對這些計畫，更比以往更強烈地公開批評這項政策。這場討論只能被解讀為強制我們的公司方向做出改變。

當會議就要解散，在極度沮喪的情況下，我提議貝氏堡的人應該在進電梯之前，拿出一顆手榴彈，拔掉插鞘，扔到會議桌上。「手榴彈」的說法踩到了痛腳，也正式預告了我將離開漢堡王主席及執行長的職位。

從我們長期策略目標的立場來看，一九七〇年代早期是關鍵時期。在一九六七和一九六八年，麥當勞及漢堡王開設的餐廳數目相當。我們受限於我們的有限資金和融資能力，而且就管理階層而言，我們已經分身乏術了。我們依然能跟得上步調，因為麥當勞縮減它們的成長計畫。他們顯然擔心美國可能會進入艱難的經濟時期，可能對生意造成不利影響。我們則抱持相反的觀點。

就漢堡王公司而言，我們已經準備就緒，迫不及待想進行可能達成的成長。我們希望貝氏堡母公司能在這時候推我們一把，但是我們期望的資金支援從來沒發生。我們的管理團隊開始提出問題：「我們的支援呢？」

麥當勞的創辦人雷・克洛克顯然不再著迷於縮減，他新近指派的執行長也是。這可能是因為他們的總裁哈利・桑波恩在一九六七年辭職的緣故。桑波恩離職後，新執行長下達了快速擴張的指示。麥當勞的成長擴張遠超出他們在過去所預想的程度。

在一九七〇年代，當貝氏堡計畫縮減漢堡王的成長之際，麥當勞以驚人的速度往前衝。麥當勞在一九六七年僅開設一百零五家店，一九六八年是一百零九家，到了一九六九年有二百一十一家，一九七〇年是二百九十四家，一九七一年是三百一十二家，一九七二年是三百六十八家，一九七三年是四百四十五家，一九七四年則是五百一十五家。

到了一九七四年結束時，我們根本望塵莫及。在一九七〇年這個非常關鍵的時刻，我們開設了一百六十七家店，大部分在我們和貝氏堡合併時都已經在進行中了。當我們被迫縮減，從一九七一年的一百零七家店，到一九七二年只剩下九十一家店時，我感到萬分失望。我們打過美好的仗，不過在這個時候，在我們的管理團隊看來，我們很顯然輸了這場戰爭。騎兵團往前衝，不過在馬背上的人穿的是麥當勞的金拱門標誌！

他們是第一名，而且除非他們從領先的地位踉蹌摔下，否則可能永遠不會有對手挑戰成功。我不安地想到，要是我們能展現勇氣、堅持到底，漢堡王可能會有什麼樣的成績。

漢堡王成為全世界的大型速食餐飲機構之一，是由於對加盟事業的重視與承諾。我們和加盟主的企業關係，結合他們在時間、經歷及資源的珍貴貢獻，成為我們的成功關鍵。我們不時會與某些加盟主產生歧見，偶爾也不得不在法庭上提出我們的不滿，不過這是參與加盟事業的固有風險。我們預期會有某些不合作又棘手的加盟主，結果成了差勁的營運者，但是到目前為止，他們絕大部分都是認真投入又努力的人，徹底支持這套系統。他們是我們企業的真正支柱。如果要爭辯他們的資格的話，這表示你完全不懂漢堡王企業的真正動能。

一九七一年十月七日，我收到了一份來自管理高層的備忘錄，終於揭露了與漢堡王擴張相關的策略哲學。它的標題是「融資與規劃之原則與限制」。這份備忘錄概述貝氏堡打算如何指導漢堡王在未來的成長。其中的四項重點為：

- 由盈餘決定融資額度。
- 開發房地產的首要之務，是用來建造公司所屬的分店。
- 除非萬不得以，絕不輕言幫加盟主開發分店。

●除非萬不得已，我們才會允許加盟主自行發展。

這份政策及策略指導聲明證實了我最大的恐懼。貝氏堡會對我們施壓，開設並營運公司分店，同時削減加盟事業以及捨棄房地產開發。當我意識到這真的發生了，著實令人難以承受。在看完備忘錄之後，我打了電話到明尼亞波利斯，並且問：「你們買下這家公司究竟要幹麼？」這是一次簡短又非常不愉快的談話。

在這次不愉快的衝突之後，我知道我不會繼續擔任貝氏堡管理團隊的成員太久。假如代價是要犧牲漢堡王所代表的龐大全球機會，那我絕對無法成為團隊的一份子。我被當成是某種特立獨行的人，不願意接受貝氏堡的行事哲學及方法。我明白假如我在與公司策略相關的事宜上，和管理階層意見不合，那麼發表太多意見不是聰明之舉。沒有人會聽我說。

在絕望之餘，我把我的顧慮帶到貝氏堡董事會上，但是這並未起太多作用，而且讓我甚至置身更艱難的處境。我學到的教訓是，當管理階層提出全新的主意和策略方向時，董事會並不會干預，因為要花時間去證明這些主意是好是壞。

董事們通常會等很長的一段時間，才會對這類事務做出結論。就漢堡王的例子來說，他們還沒達到那個階段。由於管理階層完全支持一個我認為是可怕的策略錯誤，我知道事情會照這個樣子發展，而且我最好早點習慣。不幸的是，貝氏堡管理階層還沒結束撕裂漢堡王未來策略的心。

在收到一九七一年十月那份強烈暗示公司方向轉變的備忘錄之後，我拿到一份來自明尼亞波利斯的九頁手寫備忘錄。上面的日期是一九七二年一月二十二日，而且標註為機密。這一份和十月七日的那顆炸彈一樣令我生氣。它提出支持十月備忘錄政策聲明的根本原因，而那些假設及結論都是因為他們對漢堡王加盟方案的價值極度缺乏認識。

一九七二年一月二十八日，我以我對這份機密備忘錄裡的意見進行自我解釋，提出了回應，並且就這個主題邀請對談及討論。假如這些立場獲勝，他們會破壞漢堡王的整個大好機會。我開始思考我在貝氏堡股票投資的價值。任何有常識及良好判斷力的人都看得出來，漢堡王是貝氏堡主要的成長及獲利機會，但是管理階層的傾向已經證實，他們要縮減規模並限制我們的成長及動力。

一月二十二日的備忘錄，擺明了貝氏堡對加盟主的敵視態度，他們認為加盟店對企業不利。依照他們的說法，漢堡王加盟主：

1. 擅長把損失轉嫁給漢堡王，而非自行吸收。
2. 以反壟斷訴訟當作談判工具來威脅公司。
3. 抗拒履行合約義務，並且以訴訟威脅，要求漢堡王讓步。
4. 只有在一開始會每天認真參與分店經營。
5. 在取得五家店之後，就不再執行分店經理的任務，只成了地區經理人而已；取得十家店之後，更只是一名分區經理。
6. 取得三、四家店之後，加盟主從營運者的位置淡出，變成了投資者。

7. 得到更多分店之後，他們肯定會拒絕對營運及成長做出個人承諾。
8. 陷入「加盟主生命週期」的惡性循環，從一開始的個人熱烈參與店務，最後受夠了日常細節。
9. 一但成長到了某個程度，便開始抗拒改善、擴展或升級漢堡王分店的想法，對於現金流的興趣多過於再投資以便改善業績。
10. 為了加速加盟主的生命週期，我們會把賣出去的加盟合約再買回來。

這份備忘錄嚴重打擊了漢堡王的管理團隊，他們非常清楚加盟主對這個系統的貢獻。我們尊重加盟主，貝氏堡的人則不盡然。這份備忘錄引發的感受從不敢置信到失望，最後是憤怒。

我們的邁阿密團隊和公司一起成長，見證並享受自一九五〇年代以來的爆炸性成長。自從一九五四年以來，我們開設了超過八百家餐廳，還沒嘗過一次敗績，然而在一九七二年，我們打算放棄帶領我們走了這麼長久的積極成長策略。

明尼亞波利斯宣布支持的縮減策略，想必是貝氏堡在幾年前便已經決定了。一九七〇年五月，會計年度結束時，我們的新分店成長達到了高點，一共開設了一百六十七家。這比過去十二個月增加了百分之三十四，並且展現出我們的動力。到了一九七〇年代中期，我們一共擁有六百五十六家營運餐廳。我們的快速擴張是我們在幾年前加入貝氏堡團隊時，那股動力的直接結果。

一九七〇年開始，在一個幾乎毫無風險的基礎下，我們平均每週開設三家新分店。當這項新政策實施時，我們的擴張率銳減，新分店的開設遠落後我們的對手，正如下表所顯示。

商業策略的成功與否，是由結果來決定。我們的表現黯淡，可說是一蹶不振；而對手正馬力全開開設餐廳，打算永久佔有冠軍寶座。

到了一九七四年，麥當勞加快腳步，在這一年內，每週平均開設十家新餐廳。這些分店大多數是由加盟主經營，但是房地產是由麥當勞控制或所有。這是他們的金雞蛋。麥當勞對加盟的價值和房地產開發的觀點，和貝氏堡恰恰相反。他們的成長策略是先發制人出擊，讓他們成為市場領導者。我告訴我們的邁阿密管理團隊，我們輸了爭奪第一的競賽，最好的希望就是能保持第二名。

一九六六年，貝氏堡在協商併購漢堡王時，主席和執行長保羅・吉洛特對他的董事會說得很清楚，他沒興趣併購漢堡王公司，除非我同意留下來經營公司。當時我四十多歲，相對來說缺少經驗處理這類併購相關的複雜財務及合約事宜。在我生命中的過去二十二年來，漢堡王扮演著重要的角色，我迫不及待想繼續擔任公司總裁及執行長的角色。我無意退休，我想留下來，協助實現我們的夢想和抱負。要這麼做的話，我相信我是最合格的人選。在進行併購時，

年份	開設的分店	
	麥當勞	漢堡王
1967	100	70
1968	109	108
1969	211	108
1970	294	167
1971	312	107
1972	368	91

我和吉洛特的討論過程中，我同意在接下來的五年繼續掌舵。我做出了這個承諾之後，他才準備向董事會提出併購案。

在五年的時間結束後，我並未承諾繼續參與公司業務。有很多事都要仰賴漢堡王從貝氏堡得到的支持程度，而更多要仰賴我擔任執行長及貝氏堡管理團隊一員的影響。我希望能有效扮演這些角色，我也格外迫切想向貝氏堡的人證明，對他們來說，漢堡王併購案是一個聰明又高獲利的商業決定。

我的五年合約在一九七二年到期。在這個時候，我已經在餐飲業待了超過二十五年。我忽然想到，在讓公司變得更大一點，以及更富有一些的過程中，生命中可能還有一點別的什麼。

一九六七年，當我成為貝氏堡董事時，我可能是董事會上最大的個人股東，不過這在影響公司政策方面並沒有、也不該有任何作用。然而，我確實感覺到，至少在某種程度上，我代表當時由漢堡王公司的前股東持有將近百分之十的貝氏堡股份。此外，我感到自己有一種特別的責任，應該要表達自己對於貝氏堡策略方向的看法，尤其是當它和漢堡王子公司相關時，這是我所熟悉的領域。

我相信我出現在貝氏堡董事會，可能會刺激某些人，不過研究並評論營運計畫及公司策略議題，是我的責任和義務。當我和管理階層意見相同或相左，我會認為我的職責是表達出這些感受。當我認為高層主管錯了的時候，批評他們使得我的處境艱難。在會議室質疑他們的想法，我是冒著在重要的地方失去朋友的風險。

當貝氏堡管理階層開始收回他們對漢堡王企業的支持，他們開始建議貝氏堡應該投入許多完全不相關的事業。我認為這是個計畫不周的策略。很顯然地，我們對於這些收購目標的任何一個都所知無幾，然而管理階層說服董事會投資其中幾個。

我們收購《Bon Appetit》和《Bon Voyage》雜誌；我們參與一個電腦分時系統生意，叫做Call-A-Computer，和一家北卡羅萊納州的壽險公司成為合資企業夥伴；我們收購一家明尼蘇達州的住宅營造公司，名稱是PEMTOM；我們參與園藝事業，收購一家苗圃、鮮花及植物銷售公司，叫做Bachman's European Flower Markets；我們稍後又買下加州的一家釀酒廠，叫做Souverian Cellars。當時有一份年度報告寫著：「這家公司的用意是讓Souverian Cellars成為貝氏堡的重點事業之一。」

兩年後，另一份年報寫著：「我們對這家公司（Souverian）的參與及處分都所費不貲。」我們涉足家禽產業，收購在阿肯色州及路易斯安那州有養雞場的JM Poultry Packing Co.。這些收購案帶來了一次又一次的失望。它們不僅多樣化，而且在完全缺乏對這些產業的熟悉度之下，我們的策略注定是失敗收場。

這令人難以理解，管理階層怎麼會對全新、毫不相關又不熟悉的產業產生興趣，而對於他們已經擁有且非常了解的重要公司疏於照管？我的看法是，我們應該堅定不變地力挺漢堡王。我們為何分散公司的注意力，讓這些投資給我們的財務狀況增加負擔？這對我來說是個謎。結果毫不令人意外，當我們終於和它們分割時，公司承受了重大損失。

一九七九年，貝氏堡公司收購綠巨人公司（Green Giant Company）。一九六八年，我擔任公司董事的第一年，管理階層提出這項收購提案。綠巨人位在明尼蘇達州，是一家銷售罐裝及冷凍食品的公司。管理階層相信，綠巨人非常適合我們的策略，並且督促我們核准這個案子。檢視過提案之後，我的結論是，這是一個糟糕的主意。

根據放在貝氏堡董事面前的提案，綠巨人股東最後會取得我們所有股份的百分之四十左右。綠巨人是商品型的企業，長期成長潛力有限。我的判斷是，這種情況根本不值得我們提起任何一絲興趣。我尤其反對削減貝氏堡關注漢堡王的念頭。這個提案根本沒道理，我告訴主席，我無法表示支持。

當這個建議交到董事會時，我發言強烈反對，而且很高興提案遭到了拒絕，雖然我知道我的反對冒犯了管理階層。我並沒有表現出團隊精神，而這顯然違反了不成文的公司規矩。在當時，我或許不是有經驗的公司董事，但是我很清楚，我讓自己和管理階層處在一個微妙的位置。

貝氏堡進行了各式收購，造成公司資源一團亂之後，許多事情開始出錯了。在這些事情進行的同時，金融界在設法確定貝氏堡是什麼樣的公司、我們的打算是什麼，以及我們要往哪個方向走。在金融界的眼中，我們所做的這些瘋狂收購模糊了我們的企業形象，結果我們的股價開始下跌。這導致邁阿密的員工士氣衰落，我懷疑在明尼亞波利斯會有所不同。

一九六七年，我以市價四十五元，把我的漢堡王股票換成貝氏堡股票；六年後，它跌到了每股十七點二五美元，損失超過百分之六十的價值。我把它歸咎於不良的管理，以及我們處理重大策略的笨拙方式，尤其是在漢堡王部分。我對我們的股價不滿意，除了個人財務損失之外，這是我們公司表現的一份糟糕的成績單。投資大眾傳送給貝氏堡一個相當重大的訊息，說明他們對我們的管理缺乏信心，而且也無法了解我們的策略方向。在這個非常令人困惑的環境中，投資者和股東對於貝氏堡公司的未來潛力提出了嚴肅的質問。

漢堡王的規模太大、獲利太高，也太有前途，貝氏堡管理階層不得不好好把握。在併購之後短短幾年內，在明尼亞波利斯的貝氏堡團隊越來越努力經營漢堡王了。他們原本對我們自主管理的承諾已經拋在腦後，這可以理解，因為管理階層擁有絕對的監督義務，要看到漢堡王實現它的最大利益。分隔明尼亞波利斯和邁阿密的一千七百哩是完成這點的障礙，而且似乎不可避免的是，管理階層想要排除任何限制。緊接而來的是，越來越多貝氏堡的人被指派來監督漢堡王的情況。起初，我們有許多經理人，其中大部分是員工階級，他們接受指示和明尼亞波利斯的對應窗口密切合作。這產生了更嚴重的官僚作風，逐漸破壞了邁阿密管理機構的完整性。

協助策劃漢堡王的策略方向是貝氏堡的責任，我們期待他們能熱烈參與這個過程。不幸的是，我們只是成了一個營運部門。他們的重疊營運管理及加重官僚作風，是大公司接管較小、較精簡也較創業取向的公司時，經常會產生的問題。貝氏堡將一種完全不同的管理結構強加在一個不懂發生了什麼狀況的公司身上。

這經常發生在類似的收購案之上，通常帶來令人失望及不滿的結果。我預料貝氏堡會逐漸吸收漢堡王，強迫它進入他們的企業模式，但我希望過程是循序漸進的，使得即使在管理風格與企業文化的巨大差異之下，漢堡王仍能安然地融入貝氏堡。我沒想到的是，他們以迅雷不及掩耳的速度，迫使漢堡王改頭換面。

我離開漢堡王執行長的位置，是在一九七二年五月生效，也就是我的五年合約到期日。當我離開這個角色之際，我感到失望，因為我並未成功讓漢堡王順利走下去。雖然這可能是由於高層強加的輕率策略，事實是到了一九七二年，在快速成長的餐飲市場上，我們成了二流選手。這才是真正困擾我的部分。漢堡王的收益穩定成長，但問題不在這裡。

在我心中最重要的事情是，希望漢堡王會繼續繁榮成長，而且回歸它的根源，而這部分一直以來都是奠基在加盟及房地產開發上。這大多要仰賴漢堡王未來的領導力，以及在接下來這些年之中，它會採取的公司方向。一九七二年，我們並未朝那個方向前進，但是我希望這部分會改變。我不再參與那個過程，雖然我還是貝氏堡董事會成員，而且繼續參與漢堡王公司事務，擔任董事會主席，不過這個主席純粹是榮譽頭銜。

我離開的同時，貝氏堡推選出了新管理團隊。他們從未談論聘請外人。比爾．史普爾（Bill Spoor）被任命為主席和執行長，而且預計在幾年後增加董事長的頭銜與責任。

幸好這個新管理團隊幾乎立刻認清，漢堡王應該被定為貝氏堡在可預見未來中的成長主力。我開始收到強烈支持，在加盟及房地產開發的方面恢復一種更活躍的立場。貝氏堡在一九七三年的報告公布，漢堡王計畫在一九七三年開設二百家餐廳；而一九七四年的報告公布，增設了二百二十三家餐廳之後，我們的總餐廳數增加到一千一百九十九家。這是從前幾年的強制削減之後，令人驚嘆的回彈。

在同樣那兩年的期間，麥當勞開設了九百六十家新餐廳，是漢堡王的兩倍以上，不過至少我們回到了我們的原始任務。我們的主要對手以這種速度和決心跑在我們前方，我們顯然是跟不上，但是我樂見我們終於回到了戰場上。

⊙ 吉姆支持教育

我八歲那年，我哥哥第一次帶我到邁阿密市中心的漢堡王。我們家人從古巴逃出來，這是我第一次嘗到華堡，它的滋味和大小令我驚訝不已。我記得我對哥哥說：「長大後，我要擁有這家餐廳。」

八年過去了，我哥哥告訴我，我們家附近要開漢堡王，我應該去應徵，這樣我才能在買下那間餐廳之前學點經驗。一九七〇年四月一日，我被錄取了。我因此踏上了追尋美國夢之路。

一九七二年春天，我在第二十六號店工作，這時我第一次遇到了麥克拉摩先生和我們的區經理拉蒙．莫洛爾（Ramon Moral）。我們的店長吉姆．溫斯岱（Jim Winstead）介紹我，跟麥克拉摩先生說我是一名很棒的員工，不過我在夏天結束時就要離職去念大學，在我父親的小船塢工作。吉姆表示一面在漢堡王工作，一面念大學也是可能的。我沒有多想這番話，然後就回去工作了。

差不多一個月後，吉姆．溫斯岱叫我去他的辦公室，交給我一個麥克拉摩先生給的信封。那封信讓我知道，假如我決定留下來，我會升職為副店長，這樣我就能從我們的母公司貝氏堡那裡獲得很棒的福利，同時也讓我有資格加入貝氏堡助學方案。上面說只要我是漢堡王的員工，我就能拿到百分之百的學費補助，加上所有的書本費用。

我記得問了吉姆．溫斯岱：「條件是什麼？」他說：「沒有，只要你在這裡工作。」他也告訴我，身為副店長，我有資格拿到其他很棒的福利，例如健康保險、店長分紅、員工股票購買計畫，還有退休金計畫。這個機會幫助我去念大學，而我則一直待在漢堡王工作。

一九九六年，我完成教育，這時漢堡王的董事長保羅．克萊頓（Paul Clayton）問我是否有興趣參加就職演說，慶祝邁阿密大學的吉姆麥克拉摩高階管理教育訓練中心開幕。我立刻說好。

隔月，我去了佛羅里達州克拉蓋柏茲，參加吉姆麥克拉摩高階管理教育訓練中心的開幕典禮。能在邁阿密大學的這個大型中心開幕典禮上，代表漢堡王的加盟主出席，這對我來說十分令人興奮又深具意義。當時吉姆身體不適，無法到場，但是我和另外約二十五位加盟主在現場驕傲地代表吉姆。

雖然這是吉姆的一大成就，我們都知道他來日無多了。中心是向這位偉人致敬，他是如此關切教育以及接受教育的重要性。

吉姆留給世人的餽贈向來與教育的重要性相關。他深信好的教育是成功致勝的工具……只要你努力付出、認真工作。吉姆佩服那些努力讓自己變得更好的人，他相信一切就從教育開始。

今天，我繼續享受隨著和吉姆．麥克拉摩碰面的機會而來的許多財富。三十三年來，我是成功的漢堡王加盟主。我會永遠感激吉姆的仁慈，以及他給了一個以前從沒見過的十七歲少年那個機會。這使得我的生命永遠變得更美好。感謝吉姆，我實現了美國夢。

——加盟主，亞歷克斯・沙吉羅（Alex Salguero）

第十九章

下台退休

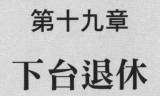

一九七二年五月，我卸下漢堡王公司執行長的職位，不確定未來會如何。我非常憂慮。我不僅離開漢堡王這個熟悉又刺激的世界，更需要找到某種同樣具挑戰性的事物來取代它的位置。這不會是一件容易的事。我知道在這段二十五年前開始的餐飲業職涯中，我已經走到了尾聲。而接下來的問題是，我要如何調適完全不同的生活方式。

我四十六歲，要考慮愜意過生活，似乎太年輕了。我的身體健康，絕對沒打算退休完全無所事事，但是我對於要做些什麼，只有模糊的想法。我稍早已經決定，我不會回到餐飲業。這是因為我想維持我和漢堡王的聯繫。我的財務投資都放在那裡，我的忠誠度也是。我認真看待我的顧問合約，覺得有責任保持參與，至少在他們需要我的服務範圍內是如此。

我主要關注的是找出對的刺激挑戰類型。南西繼續設法向我保證，我會遇到很多那一類的機會，但是我需要確信。毫無生氣又缺乏挑戰的念頭令人感到不安。我不確定我會往哪個方向走，但是我確定知道我要從哪裡開始。

第一件事是搬離漢堡王總部大樓。我們的管理團隊最不需要的就是有公司的共同創辦人兼前執行長和他們共用辦公空間，感覺在「嚴密監控他們」。我在只有幾個街區外的舊漢堡王辦公大樓租下一個空間，離家相當近。

我很驕傲在一九七二年離開公司時，漢堡王被公認為國內最具規模又經營成功的連鎖餐廳之一。我覺得有信心，我們會繼續成長，在充滿活力的餐飲業保持我們的領導地位。現在管理團隊歸亞特・羅斯沃爾帶領，我期待這個團隊在貝氏堡的支持下，能維持它的前進動力。這件事的影響重大，尤其是對我在貝氏堡的投資以及我的尊嚴來說，更是如此。我看過太多成功的大型餐廳公司最終走向失敗，不相信漢堡王在我們快速前進的市場中，會承受不住變化無常的改變。

在過去十八年來，漢堡王佔據了我所有的時間及注意力。我享受在這種活力充沛的環境成為其中一份子的刺激感，不過現在情況要有所轉變了。

我決定多參與我已經熟悉的活動，包括社區服務、慈善事業、投資、教育、房地產、高爾夫、園藝、閱讀、家庭、旅行、公開演說、同業公會事務，以及企業董事職位。我想在商業環境中保持活躍，尤其是在邁阿密地區。這是我的家鄉，我在全世界最喜歡的地方。

有一件事需要我的大量關注，就是我的個人投資。在過去五年來，我一直有辦法大量增加我的資產淨值，雖然我的貝氏堡股票表現不佳。而且我有信心，只要我把心思放在上頭，我能做得比它更好。最近這幾年。我並沒有想做太多外部商業投資，單純是因為我忙於管理公司。現在我有時間深入了解，並且做許多其他的事。

在離開漢堡王之前，我做了一些外部投資，其中之一是在一九六九年投資邁阿密海豚隊。這是舊美式足球聯盟裡一支掙扎求生的後段球隊。美國美式足球聯盟是一個新崛起的組織，想和國家美式足球聯盟一較高下。職業美式足球才開始盛行，邁阿密很榮幸能擁有一支代表這座城市的球隊。一九六六年，喬．羅比（Joe Robbie）取得加盟權，派一支擴編球隊上場。加盟合約指定羅比擔任管理人。

喬沒錢投資加盟權。到了一九六九年，他處於一種微妙的財務狀況，成為他安排的合夥關係中的小投資者。他也和擁有球隊百分之六十的合夥人之中少數幾位發生爭執。他負債累累，無法自掏腰包拿出更多的資金，因此讓情況更加緊繃。加上海豚隊表現不佳，在負債之餘，加盟權陷入了危機。週日賽事難得吸引超過四萬名球迷來到橙盃球場，裡面的座位幾乎能容納這個數字的兩倍。

海豚隊的美國美式足球聯盟的電視收入每年僅達五十萬美元，和一九九〇年代國家美式足球聯盟的每支球隊每年賺取的四千萬美元以上相比，簡直是小巫見大巫。羅比感到挫敗，在尋求方法解決艱難的財務及合夥情況時，開始威脅要把球隊帶到另一座城市。

羅比出席一場在我家開的會議上，四位朋友和我同意投資海豚隊，預設的情況是能安排適當的融資，讓我們得以買斷現有合夥人的股份。在那個時候，我是邁阿密第一國家銀行的董事會成員。在當時並不允許連鎖銀行業務，第一國家銀行是佛羅里達州最大的銀行。我告訴這群人，我向董事長提出這個主意，看銀行是否有興趣再融資給新的投資者。銀行喜歡這個主意，同意規劃出一個我們都能接受的融資方案。

身為新的合夥人，我們保證除了其他事項之外，融資能讓羅比增加他那一份的所有權。我們五個人加入羅比，成為部分所有者，海豚隊便留在邁阿密了。我們非常看重這件事，認為它對我們的城市、社區和佛州會帶來正面的影響。

做出這項投資之後的幾個月內，發生了一連串的重大事件。首先是美國美式足球聯盟合併到全國美式足球聯盟。隨後羅比聘請了唐．蘇拉（Don Shula）擔任總教練。唐最近擔任的是巴爾的摩小馬隊總教練。接下來發生的事震驚了職業美式足球的世界。

羅比身為合夥人，也是海豚隊的執行長，處理球隊的商業事務。邁阿密海豚隊的新合夥人投資完全是被動的。對我來說，這只不過是出席主場賽事，偶爾搭球隊專機去我們出賽的其他城市。這種活動僅限於秋季月份的週末，不過唐．蘇拉帶領球隊，打進了一九七一、一九七二及一九七三的連續三屆超級盃，交出漂亮的成績單，這件事就變得非常有趣了。

海豚隊在一九七二年的球季表現出色，拿下了十七連勝，沒有敗績，第一次贏得超級盃冠軍。海豚隊在洛杉磯體育場以十四比七戰勝華盛頓紅皮隊，為邁阿密帶來一股前所未有的強烈榮耀感受。投資邁阿密海豚隊既「好玩」又有錢賺。多年後，包括我自己在內的合夥人將我們的股份賣給羅比，但是我們都享受到了這份樂趣，在打造一個極為成功的球隊時，成為其中重要的一份子。

一九六九年，我接任美國餐廳協會重要的政府事務委員會主席的職務。我因此需要花時間待在芝加哥及華盛頓，參加和餐飲業利害相關的事務，接觸到國內各地的許多餐廳。這絕對讓我對這個快速擴張的產業所發生的變化，培養出敏銳的觀點。

在我還沒從執行長的位置退休之前，我保持活躍參與許多社群董事會及其他的業餘嗜好。當我辭去漢堡王的執行長職務時，我至少已經稍微準備好面對每日例行公事的變化。

我的整個商場職涯充滿了地方、州內及全國組織的活動。在一九五〇年代，我參與的有青年成就組織、家長教師協會、小聯盟運動、聯合勸募會、我們的教會，還有我在一九五三年擔任理事長的邁阿密餐廳協會。在一九六〇年代，我擔任佛羅里達州餐廳協會的理事，後來成為理事長，並且協助組織皇家棕櫚網球俱樂部，擔任財務長，後來成了董事長。我加入邁阿密第一國家銀行董事會，擔任麻薩諸塞州諾斯菲爾德山赫蒙學校的理事會理事，多拉東部高爾夫巡迴賽董事、費爾柴爾熱帶花園董事、美國餐廳協會董事，也是邁阿密大學的大學創辦人學會成員之一。我認為參與和自己的事業毫不相干的活動非常重要。

在我認真面對重新打造退休後的生活時，我開始明白為何有那麼多在商場上超級活躍的人士，經常在退休後沒幾年便過世了。他們之中有許多人就是無法面對日常生活模式的巨大改變。在結束了極度活躍的職涯之後，他們不知道該如何是好。我的商場職涯充滿了決策、大量出差行程、會議、棘手決定，還有和工作活動相關的壓力，所以我明白那是怎麼一回事。我知道當我填滿活動的生活型態忽然改變，我會用其他事物把那些空缺部分再次填滿，或是面對與退出及改變步調相關的某些問題。我當時不明白，我先前的業餘活動對安然轉換的經驗會有多少貢獻。

在絕大多數的大公司，強制退休通常是發生在五十五到六十五歲之間。除非有人細心為退休那天做好準備，否則退休的震驚會帶來重大的影響。忽然退出會導致各種心理疾患，從重度憂鬱到無價值感都有。訣竅是要事前仔細準備，以便避開陷阱，而這麼做並非是一件容易的事。

在退休之前，我很早便花了很多時間思考這件事；在退休後，我從來就不是個不情願的受害者，因為我知道要如何讓自己保持忙碌與興趣。我帶著決心，感到相當確定，從漢堡王到一個全新生活的轉換過程會很順利。

第二十章

調整生活

當我領悟到我要交出漢堡王的執行長職務時，並未感到困擾。我和貝氏堡針對退休事宜的討論，既友好、開放又專業。我當然會想念它，不過這個職位在很久以前便終止了執行長的工作。那項工作由貝氏堡的行政主管接手。漢堡王是一個公司部門，要和他們的其他營運部門一樣，向管理階層回報，而我並沒打算延長這麼做的時間。

當我在新辦公室安頓好之後，接到許多來電，要我接下各式各樣的責任。提議和邀請太多了，我不得不躲開，思考我能給這些提案多少時間。我決定花點時間一一考慮。我需要整理出自己的優先順序，決定哪些對我來說最重要。這其中包括了社區服務、投資機會、慈善活動、嗜好、家庭事宜、學習經驗、加入公司董事會，以及其他各式各樣的事務。在投入之前，我需要評估這一切。

我第一個想到的是嗜好。我熱愛園藝，而且南佛羅里達州是享受這項嗜好的完美地點。我回想起當我還在漢堡王工作時，準備離開歐哈爾旅館，搭公車去機場要飛回家。當時外面大雪紛飛，我想到我隔天要在陽光普照的邁阿密進行的園藝計畫。

園藝向來是我的強烈熱情。許多生意人如此專注在他們的事業，沒有花時間以不同的事物來取悅自己。他們沒看出這可能要付出重大代價，而且在某些情況下，甚至會危及生命。無聊和缺乏目標可能造成嚴重的心理及生理傷害。我覺得自己很幸運，我並未落入這個處境之中。

卸下職務三個月後，我買下與邁阿密住家毗鄰的土地。這塊地上有一間房屋，還有一片美麗的土地，上面種了許多橡樹，這些都坐落在我們住家前面的同一座湖畔。這片產業讓我們家增加了一點五英畝的範圍，臨湖總長達到五百呎。這塊地本身有許多大有可為的特色，我覺得可以替我的花園增添一些樂趣。自從建造了我們自己的家以來，我花了很多時間和努力，打造一座迷人的花園。擴大這項規劃的念頭，讓我的內心充滿了刺激的想法和主意。

對於園藝愛好者來說，邁阿密絕佳的溫和亞熱帶氣候帶來終年蒔花弄草的大好機會，這裡的獨特環境是一開始吸引我來到邁阿密的主因。我打算趁我設法釐清優先順序，以及隨著退休而來的選擇時，開始進行園藝計畫。我在四月份取得這片土地，正好能解決一些會佔據我的許多時間、精力和注意力的事。我把這個當作是內在壓力的療癒釋放，以及處理我的職涯劇變的一種方式。

過了一個月，我的退休日子開始時，CBS的邁阿密子公司，WTVJ來到我家，拍攝我離開漢堡王的電視特別節目。製作人挑選我們新買的那片土地作為訪談現場，拍出我身穿園藝工作服的模樣。我談到多年來體驗的樂趣及令人興奮的事，並且提到我還沒決定自己想做什麼。我說我期望能待在南佛羅里達州，繼續投入有價值的計畫，無論是在本地或全國的規模都是。我特別提到我的園藝嗜好，以及我對新計畫滿懷的熱忱。

從長期出差的旅程飛回家後，我通常會閱讀一些熱帶園藝、庭園設計或相關主題的書籍。這類書籍帶給我的感受，和忙碌的機場及擁擠座位的單調飛行大不相同。待在家時的週六及週日，我經常在院子裡，整理花壇、瀑布、灑水系統、戶外照明，或是照料植物。多了一點五英畝的土地，確保我能夠不無聊。這一切其實有點癡心妄想，但是至少我暫時有點事情可忙。

我對保持投入及接受刺激的顧慮提醒了我，我需要仔細評估個人狀況。我也傾向於積極參與我在邁阿密第一國家銀行、貝氏堡公司及漢堡王公司的董事職務，並且計畫多加入幾個董事會。我為了即將上任美國餐廳協會董事長而密集旅行。我十分投入諾斯菲爾德山赫蒙學校董事的職務，而且也積極參與青年總裁組織。這個組織的會議結構及組織非常健全，囊括各種活動領域的知名專家。這些會議既有趣又有教育性，而且通常在獨特又出色的地點舉辦。這給了南西和我機會去旅行造訪新地方，這是當我在積極投入漢堡王事務時，我們沒辦法做的事。

此外，我和南佛羅里達州商會及其中許多領導人長期保持聯絡，讓我開始步上擔任大邁阿密商會副董事長之路。我期待積極投入這個富於變化的組織。

南西和我在懷俄明州沙拉托加老巴迪俱樂部買了一塊住宅區空地，想在那裡蓋一幢避暑別墅。退休幾個月後，我們聘請一位建築師，根據南西規劃的藍圖來設計我們的家。對南西來說，這是一項有趣的計畫，她熱愛設計規劃這類的東西。我保持忙碌，但是我也會注意那些可以帶來挑戰及有價值的其他活動。

幸運的是，不久後就出現了好幾個提議。退休幾個月之後，我接到一通電話，詢問我是否會考慮參選邁阿密大學董事。這是我樂於接受的事。我感覺這所大學是真正傑出的機構之一，值得社區的支持，而我想參與這個過程。在大學來電之後，我隨即接到要求，擔任我們在邁阿密的公共電視台，社區電視基金會營運的WPBT第二頻道董事。緊接而來的是費爾柴爾熱帶花園的來電，邀請我擔任董事。我毫不遲疑，接受了這三項任務，樂於承擔起隨著這些植物而來的責任。

我在猶他州度假時，接到了東南區銀行董事會主席胡德．巴賽特（Hood Basset）的來電，告訴我他代表東南地區的一個銀行主管組織。這個組織提供給我候選人資格，擔任華盛頓聯邦儲備委員會的七位理事之一。想到要花這麼多時間在華盛頓，導致我決定拒絕這項提名。我只是不喜歡住在邁阿密以的外任何地方。

許多朋友想鼓勵我參選美國參議員，但是我對政治沒興趣，也從來沒有認真思考過這件事。不過我成為橙盃委員會成員，同意在接下來的大邁阿密地區聯合勸募協會活動中擔任主席。有了這些各式活動要參加，包括一些國外旅行以及享受我在邁阿密海豚隊的投資，退休的世界變得分外忙碌，正如南西所預期。而且還有更多即將來到。

我在邁阿密大學及公共電視第二頻道的工作，變成比預期中還需要更多的投入，不過我在時間方面的真正壓力來自美國餐廳協會。我即將接任副董事長，並且擔任政府事務委員會主席，我比原先計畫的花了太多時間在這上面。我預期我在一九七四到一九七五年，擔任董事長的第一年會相當忙碌。原本期望過了這一年，活動的步調才會加快。就在這時候，我的好友及當時在任上的董事長亨利．波林（Henry Bolling）為了健康因素，要求我接手他的許多職務。我同意了，而這意味著接下來的兩年，我會密集出差處理協會事務。

我很高興接下這份新責任，因為這讓我出現在全國各地餐飲業相關的各方愛好人士之前。我因此學到新經驗，也有機會在這個已經成為我生命中重要部分的快速成長產業中，跟上它的新發展。在接下來的幾年，我的旅行時間表既忙碌又有點累人，不過在我整理手邊的選項，試圖找出接下來想做什麼的時候，這正是我所需要的。

一九七三年，在選完了邁阿密大學董事會之後，我就任領導人職位，而且動作快速地承擔起主要的協會責任。在我先後擔任金融協會及主管協會的主席職位之後，我在一九八〇年獲選為董事會主席，並且在接下來十年都在這個位子上。在舉辦了當時美國史上第三大的慈善活動之後，最後我獲推選為榮譽主席。這項活動幾乎成了一份全職工作。

在我擔任WPBT第二頻道董事會主席時，我建議我們提供一個商業新聞節目。當時我們無法和主要聯播網的夜間新聞節目競爭。我們的董事長喬治・杜利（George Dooley）喜歡這個主意，於是在一九七九年，開始播出一個十五分鐘的節目，叫做《夜間商業報告》（*Nightly Business Report*），成了公共電視最受歡迎的節目之一。這個節目從我們的邁阿密攝影棚於週間晚上，開始在世界各地播出。

我相信我在一九七九年卸下董事會主席職務之前，完成了許多事。構想《夜間商業報告》的點子是其中之一。在一九七〇年代，我加入了史托瑞廣播公司（Storer Broadcasting Company）、萊德系統（Ryder System）以及東南銀行公司（Southeast Banking Corporation）的董事會。這三家備受敬重的邁阿密公司在各自的領域中，已經是國內知名的領導公司。我加入位於德州密德蘭一家獨立的小型石油與天然氣公司董事會，並且在位居領先地位的社區房地產開發商亞維達公司（Arvida Corporation）進行大規模公司重新定位時，短期擔任這家公司的董事。由於我在這七家公司董事會的服務，以及我現在對我所做的其他各種投資的關注，我得以和美妙的商業世界保持接觸。

我的投資決定從好到壞都有。石油生意表現不佳，我在丹佛飼育場養了一些肉牛，損失了一些錢。我也學會檢視我來往的人的特質、風評和經歷。在緊接著退休而來的這些年，最令我開心的是，我不再承受我離開的那個公司世界所帶來的那種壓力了。

我的生活開始被五花八門的事情填滿，並且很快就會達到滿溢的地步。

第二十一章

漢堡王的成長，一九七二至一九八八年

當時序邁入一九六〇年代，美國人的生活風格開始有了全新的特色。對於更常外食的需求快速增加，這個現象要歸因於許多經濟因素及社會改變。在一九四〇年代後期，更多婦女及青少年進入工作市場，家庭收入開始增加。從二戰及越戰回鄉的軍人踏入婚姻，開始賺錢養家，帶領了一種現象的發展，稱之為「嬰兒潮」。結果引發了大眾從市中心出走，移居到逐漸成長的郊區，於是產生大規模的新屋建造、購物中心開發，以及高速公路的出現。

消費者對各種物質商品及汽車也有高度需求。雖然電視才剛起步，但已經開始對美國人的生活風格帶來重大影響。當戴夫和我一開始感覺到這種現象的重要性時，我們立刻抓住這個機會。我們是早期的業界先驅，在我們的規模及經驗方面都擁有重要的領先起步優勢，而且我們決心要利用這份優勢。

在一九五〇年代，像漢堡王這類餐廳發現連鎖餐廳的加盟主可以攜手合作，為生意打廣告，創造消費者的意識及需求。到了一九六〇年代末期，漢堡王將自己打造成大型廣告客戶，足以使用本地、地區以及甚至是全國電視聯播網。這是有可能的，因為我們的加盟主依照合約要求，需給付百分之四的銷售額，支持我們的共同廣告及行銷企劃。這個因素為我們在一九七〇到一九九〇年代期間擴張企業的能力，帶來莫大的助益。

一九七〇年代早期，漢堡王讓電視市場看見華堡的模樣，以及它是如何做成的。在當時，美國大眾已經知道華堡是什麼了。我們的餐廳驕傲地展示「華堡之家」的告示板，我們的兩個品牌形象牢牢地存在數百萬的人心中，他們把我們的餐廳視為用餐的好去處。我們傳達的簡單訊息是，在漢堡王，我們的顧客會得到美食、物超所值，以及快速服務。我們的銷售主張是，華堡是全國最棒的漢堡，而且我們利用唯有電視能帶來的絕佳影響力，讓大家清楚了解這個訊息。我們的概念是美國人最棒的餐點是華堡、薯條和可樂，而且我們銷售的就是這個概念。我們相信這是正確的訊息，在對的時間及時提供對的組合。

我們的競爭對手並沒有袖手旁觀，看我們做著這一切。麥當勞忙著做和我們相同的事，但是他們很早便把目標放在兒童市場，以有效的行銷策略明確表態，包括啟用一個他們取名為雷諾・麥當勞的小丑。其他的連鎖餐廳只要負擔得起，便立刻開始採用電視廣告。在漢堡王及其他蓬勃發展的連鎖企業帶領下，速食產業把目標放在想得到快速服務的消費者身上，快速地成長。當這些現代的連鎖餐廳繁榮發展，餐飲業變成全國最大的電視廣告主。

連鎖餐廳被迫盡可能快速地擴張，以便獲取額外的電視廣告效益。就我們的例子來說，我們早在一九六〇年代便下定決心，要成為全國事業，因為如此一來，才能將投入在電視聯播網的成本發揮最大的效益。就我們的每次觀看者成本的曝光次數來說，這是最划算的花費。在一九七〇及一九八〇年代，電視聯播網廣告不只用來為幾家規模夠大且負擔得起的公司打造銷售業績，它也能藉由打造消費者意識，以及隨之而來對餐飲服務及外食的需求，幫助擴張整個餐飲市場。結果是餐飲業享受長期的出色成長。

當一九七〇年代開始，業界發現自己處於一個獨特的地位。在一九六〇年代早期的大多數時候，連鎖餐廳基本上沒有知名度也沒人注意，餐廳廣告也是如此。到了一九七〇年代，加盟餐廳業績達到先前無法想像的程度。這種成長以及伴隨而來的廣告經費增加，開始為餐廳服務打造出強烈的消費者需求。在市場上的這類活動之下，很多研究過這個產業成長潛力的人，在那些領導者表現出沒有能力或意願自己採取主動行動時，準備加入接手。

麥當勞處理這種情況的效率通過考驗，因為在一九九〇年代早期，他們申報的稅前收益高達一百五十億美元，並且到了一九九二年年底，他們的營運餐廳數高達一萬二千四百一十八家。在同一段時期，漢堡王申報的營業利潤約二億五千萬美元，營運餐廳有六千六百四十八家。我們得以保持第二，但是和業界龍頭相比則是相形見絀。從一九七二到一九八八年的這段期間，對漢堡王的擴張來說是積極衝刺的一個階段，但相較於麥當勞，則顯得微不足道。

在我離開之後，亞瑟．羅斯沃爾立刻接管了公司五年，但是每況愈下的健康情況迫使他在一九七七年從積極管理中抽手。該年的二月，唐．史密斯（Don Smith）加入了，擔任漢堡王的總裁及執行長。史密斯是前任的麥當勞資深主管，他依然繼續掌舵，直到一九八〇年五月，他和明尼亞波利斯總部的衝突導致他離職。在公司服務的三年期間，史密斯引進並堅持比先前施行更高標準的餐廳營運方式，同時支持由當時的行銷主管克里斯．索恩拉伯（Chris Schoenleb）策劃指導的許多出色行銷企劃。

唐．史密斯離開之後，盧．尼伯（Lou Neeb）接任主席及執行長。他先前是牛排與啤酒公司（Steak and Ale）的總裁，這家公司在一九七六年由貝氏堡收購。當尼伯在一九八二年離開漢堡王，布林克（Brinker）接任牛排與啤酒公司及漢堡王的主席和執行長。他推選傑夫．坎貝爾（Jeff Campbell）擔任漢堡王的主席及執行長職務，後者待在這個職位直到一九八八年。多年來，布林克展現優異的技能，認清趨勢，打造極為成功的餐廳概念。在唐・史密斯離職後，他步入一段領導真空時期，穩定住一個非常艱難的狀況。

一九七〇年代早期，傑夫・坎貝爾原本替克里斯・索恩拉伯負責行銷事務。傑夫是該部門精力充沛又富創意的一員，參與執行極為成功的「我選我味」（Have It Your Way）廣告活動。他晉升得非常快，在打造業績方面扮演重要角色；到了一九七五年，每年平均的銷售額達到每家餐廳四十二萬美元。

坎貝爾在行銷部門服務之餘，也要求擔任第一線主管，成為東南區副總裁，做得有聲有色。有了營運經驗之後，他在一九八一年回到邁阿密，接任漢堡王行銷部門的主管職務。這時候，我們的餐廳平均業績成長到每年七十二萬八千美元，在四年內便增加到超過一百萬美元。就在一九八三年，布林克拔擢傑夫，擔任漢堡王公司的執行長及董事會主席，他在這個職位上服務了五年。

他擔任主席之後，最早提出的倡議之一是引進「營運塑身」。這項企劃是延續唐・史密斯的決心，要改進餐廳營運。這項倡議的結果回應頗佳。同樣在一九八〇年代早期，當時和華特湯普森廣告公司合作，漢堡王的行銷企劃達到成功的巔峰，打造出扎實又妥善執行的廣告，產生了巨大的作用。一九八三年，貝氏堡年報驕傲地宣布：「漢堡王廣告以其坦率的創意，成為全國的熱門話題。」

重要的是要注意到，我們這些年以來執行各種行銷策略的意義。廣告活動是設計來傳遞特別訊息給大眾的，就漢堡王的例子來說，我們的需要是訴說一個故事，關於我們是誰以及做些什麼，並且描述顧客在我們的餐廳用餐能享受到哪些福利。創意是這項策略的關鍵，而我們的挑戰是讓訊息盡可能發揮影響力地傳開。

一九七〇年代早期，我們推出的初期廣告之一是「我選我味」。這不僅是非常有效的廣告，同時也讓漢堡王走上一個新方向。廣告裡的這個承諾是我們會給顧客在別家速食餐廳無法得到的，特別、全新又獨特的服務。我們表明我們能完全依照顧客的願望來製作漢堡。這能直接打擊麥當勞，我們相信他們不堪一擊，因為他們的製作及服務方式，使得他們無法為顧客提供這類客製化的特別待遇。在這個非常成功的廣告之後，我們推出了「享受特別，就來漢堡王」（Make it Special, Make it Burger King），強調顧客期待在我們的餐廳得到的個人待遇及「現點現做」的美食。

一九八〇年代初期，坎貝爾及凱爾・奎格（Kyle Craig）的行銷能力及領導力創造出一個接一個成功的廣告。他們把焦點放在我們的漢堡品質上，而這些廣告讓漢堡王在大眾的心目中成為享用漢堡的好地方。非常成功的「你餓了嗎？」（Aren't You Hungry?）廣告出奇成功，展示了我們的明火燒烤爐，上面的漢堡有著令人垂涎的配料和調味品。「漢堡大戰」（Battle of the Burgers）廣告正面迎擊我們的對手，提到消費者調查顯示大家偏好漢堡王的華堡。

這些創新廣告讓我們在一九八一到一九八七年間，平均分店營業額不只加倍成長。這個輝煌成績是由於漢堡王堅持與強調於不斷精進餐廳營運。我們把焦點放在實踐廣告所做出的承諾，餐廳必須營運妥善，否則廣告就沒有價值。這個重要的基本原則偶爾會由行銷人員監督，它們經常比較著重在構思富有創意的銷售訊息。

在一九八五年之前提出的四項高效率行銷策略，都是建立在我們最早的廣告之一所帶來的成功：「要用雙手才捧得住華堡」（It Takes Two Hands to Handle a Whopper）。這是在我擔任執行長的時期，由BBDO創作的廣告。這個廣告傳遞出的強烈訊息，包含價值、品質，以及人們只能在漢堡王找到的獨特性。隨後推出成功的「我選我味」廣告之後，我們開始打造堅強的基礎，要將漢堡王建立成全美國頂尖的餐廳提供者。不幸的是，一九八五年之後的行銷策略，並未達到和這些早期廣告相同的結果。就在這時候，漢堡王的世界開始崩裂了。

一九八〇年代早期，漢堡王在開設的餐廳數及獲利方面，都有持續的重大進展。這些是擴張經濟中的興盛時期，餐飲市場持續以令人驚嘆的速度成長。正如預期，漢堡王加盟的需求也隨之不斷增加。企業廣告基金的捐助也源源不絕，到了一九八五年，我們每年有超過一億七千五百萬美元可用在行銷活動上；在同一年，全美的漢堡王餐廳數目攀升到四千二百二十五家。這給了我們重要的存在感，和我們強大的廣告活動搭配起來，提供我們重要的行銷優勢。

在邁阿密的一連串成功表現之後，坎貝爾被要求搬到明尼亞波利斯，帶領貝氏堡的餐廳部門。他這麼做的同時，繼續兼任漢堡王的主席及執行長。然而，在他離開邁阿密之後，情況開始改變了。唐．史密斯在一九八〇年離開後，傑瑞．胡恩赫克（Jerry Huenheck）便擔任漢堡王的董事長及執行長。他在一九八五年下台，成為加盟主。在坎貝爾任職主席之後，凱爾奎格成為效率極高的行銷長，後來離開去帶領其他貝氏堡餐廳營運，最後成為牛排與啤酒公司的執行長。然後他離開貝氏堡，成為美國肯德基公司的總裁。漢堡王公司深感遺憾失去了凱爾。

在胡恩赫克及奎格離開之後，坎貝爾前往明尼亞波利斯，這時出現一段管理不穩定期，結果造成行政部門的高流動率。一九八六年，有三位不同的主管擔任行銷長，雖然看似不可置信，有一段很長的時間，那個重要的職務一直懸缺。該部門的工作轉交給行銷部門的許多成員，結果當然是一團亂。

隨著高層管理的重要成員離開，很多事都開始走下坡。行政主管及行銷部門的改變及分裂，導致推出了一個又一個慘不忍睹的廣告活動。其中的第一個是惡名昭彰的「香料食客」（Herb the Nerd）廣告，接下來是一連串的失敗。《廣告年代》（*Advertising Age*）甚至將「香料食客」評為年度最糟糕的廣告。接下來推出的幾檔廣告也好不到哪裡去，連我們自己的行銷人員也把一九八五到一九八七年戲稱為「看不清形象的年代」。

當一個又一個構想不佳的廣告帶來絕望之後，我們失去了焦點。大眾完全搞不清楚漢堡王和我們的訊息。雪上加霜的是，菜單價格持續上漲，這證明是一種非常不智又有缺陷的策略，結果顧客數量不斷減少，而這種情形從來不曾適當地處理。我們的廣告失去焦點以及菜單價格不斷上漲，標記了漢堡王歷史上的關鍵時刻。大眾開始懷疑漢堡王是否是價廉物美的好去處了。如果置之不理的話，這會嚴重損害公司未來的發展。

我們是靠鮮明的餐廳形象起家的，而重點向來都在於提供給顧客的價值。價值不只是價格而已，它涉及服務以及周遭環境等部分，而我們在各方面都失敗了。要花好多年的時間，管理階層才會完全了解這一切的重要性。同時，顧客數量持續下滑，管理階層表示只要能保持更高的利潤率，願意接受這種情況。一切開始分裂瓦解，未來的前景看來黯淡無光。

對貝氏堡及漢堡王來說，一九八五年是不好的一年。其中一項令人失望的損失是溫・瓦林（Win Wallin）決定離開貝氏堡公司副主席的職務。多年來，瓦林負責監督貝氏堡餐廳營運，包括漢堡王。他是貝氏堡聲望極高的主管，受到漢堡王管理階層及加盟主的敬重。他的聲望、聰明和成熟的領導力，成為培養許多重要關係的穩定因素。一九八五年五月，貝氏堡以三億九千萬美元收購迪維西食品（Diversifoods）。這家公司是由許多不同的餐廳所組合而成，包括境況不佳的教父披薩連鎖店（Godfather's Pizza）、查特之家（Chart House）餐廳，以及三百七十七家漢堡王餐廳，散布在大芝加哥地區、路易斯安那州及維吉尼亞州各地。

我們最大的加盟主查特之家併購了教父披薩，當時他們的執行長是唐・史密斯。這證明了是一個花費甚鉅的錯誤。併購之後，查特之家的公司名稱被改為迪維西食品。原本就存在於教父公司的銷售及營運問題，導致迪維西食品的股價較先前嚴重下跌。公司在行銷、銷售及形象方面的嚴重問題，讓員工士氣受到打擊，餐廳營運及餐廳外觀也受到影響。在史密斯離開執行長職位，去接下另一項任務時，迪維西食品的狀況並不是很理想。

在這個時候，貝氏堡有義務要收購迪維西食品，以便維護漢堡王名稱的完整性。近年來，三百七十七家漢堡王餐廳的經營狀況不佳，使我們的名聲在許多重要市場上嚴重受損。要整頓漢堡王的狀況已經有夠多問題了，但是更大的挑戰是要把我們一無所知的慘淡披薩生意整理出頭緒來。另外的問題是，我們要管理遍布國內各地的查特之家連鎖店。我開始更加後悔，貝氏堡並未以亞特．羅斯沃爾和我在一九七〇年代早期提議的條件，成功收購查特之家。現在他們要為一個先前只需花一點小錢就能買下的衰弱企業，付出一大筆資金。

我們的困境除此之外，還有比爾．史普爾在一九八五年，以貝氏堡執行長的身分退休了。這麼多企業領導人離去，造成嚴重的領導空窗期。新上任的貝氏堡執行長傑克．史岱福（Jack Stafford）在部門有諸多重要職位懸缺的情況下，面對重大的挑戰，必須打造一個能在艱難的環境下管理極度多樣又複雜事業的組織。

貝氏堡一九八六年的財務報告幾乎是滿懷歉意地承認：「經過三年的努力成長，每家餐廳的年度營業額僅略微增加。」就漢堡王的例子來說，菜單上的價格經過調整後，同餐廳銷售額比前一年更低了。不消說，我們的顧客人數一落千丈。

在一九八五到一九八八年間，漢堡王的行政主管似乎換得越來越快了。這些管理階層的變動造成某種程度的混亂。長期策略性規劃被拋在一旁，取而代之的是處理短期戰略議題、營運問題、快速修補，以及滅火救急。在這個關鍵時刻，漢堡王的管理階層做出許多糟糕的決定，注定為我們的生意帶來負面的影響。

第一個決定是在品項已經太多的菜單上，引進未經測試的新產品。這是管理階層採取的許多方式之中的第一個，希望能阻止銷售及顧客數量的不斷下滑。第二個決定是繼續提高菜單價格，管理階層把這當成是增加餐廳獲利能力的機會。從策略性觀點來看，這兩種策略都有重大缺陷，最後造成完全相反的結果，而這些問題直到很久之後才被發現。

漢堡王成功的根本，在於提供固定的餐點，新產品不斷地推出，反而讓消費者感到困惑。這也讓餐廳的工作人員不知所措，服務速度因此慢了下來，也降低了整體的品質。於是，送錯餐成了客訴的頭號問題；不斷提高的售價，也讓顧客持續地流失。不過，管理階層對這些問題都視若無睹。

從一九八六年到一九九〇年代，銷售及顧客流量持續下降，一連串不良構想的行銷計畫和廣告策略無法阻止失血。一九八五至一九八六年度的廣告支出高達一億九千萬美元，到了一九八八年更成長到二億二千七百萬美元。這些巨額花費都無法阻止銷售及顧客數量的持續下滑。到了一九八八年秋天，加盟主深受干擾，幾乎要叛變了。此時大都會公司（Grand Metropolitan）登場，控制貝氏堡和漢堡王之戰只是加重了這種情況。改變就在眼前，但是這種改變對漢堡王、它的加盟主和未來會造成什麼影響，依然是個問題。

多年後，漢堡王被迫承認，在一九八六到一九九三年的這八年期間，我們的每家餐廳平均損失了百分之三十四的顧客。兩個需要注意的問題是：我們是怎麼陷入這場混亂的？還有我們要如何擺脫它？

第二十二章

來自倫敦的惡意

從一九八八年十月三日開始，我也是成員之一的萊德系統董事會，在維吉尼亞州威廉斯堡舉行為期三天的會議。幾位董事抵達後，在早餐室的一張餐桌旁入座。當我走進餐廳，我聽到一些令人震驚的消息。美孚石油公司的退休副總裁及法律總顧問赫曼．舒密特（Herman Schmidt）拋出問題：「吉姆，你看到今天早上CNN的貝氏堡報導嗎？」

他接著說，《紐約時報》晨間版刊登了一篇全頁廣告，宣布英國大都會公司提出現金公開收購，以每股六十美元買下貝氏堡的所有股份。我簡直震驚得無以復加。我認為貝氏堡遲早會被併購，不過，我們的股票前一天晚上在紐約證券交易所的收盤價是三十八美元，因此這樁溢價超過百分之六十的收購，格外引人注目。

這個不請自來又具惡意的公開收購不僅先發制人，而且令人驚奇。大都會顯然是認真要收購貝氏堡，而且也公開提出了高價。這個價碼顯然高到足以打消其他可能有意的收購者。不過看起來，這一切都經過算計，要反擊貝氏堡想保持獨立而可能提出的任何防禦戰略。貝氏堡需要立刻做出回應，因此我期待很快就會接到來自明尼亞波利斯總部的來電。

有個好理由相信貝氏堡可能會成為收購的目標。首先呢，公司在這兩、三年來，一直是許多負面新聞的主角，其中有許多和公司管理階層的轉移與改變有關。比爾．史普爾擔任主席及執行長十三年，從一九七三到一九八六年為止。他強力支持傑克．史岱福，向董事會推薦由他繼任執行長的職位。

史岱福加入貝氏堡的時候，擁有絕佳的聲望及背景，任職綠巨人公司的首席行銷長。貝氏堡在一九七九年二月收購綠巨人之後，史岱福以關鍵領導角色對公司做出許多重大的貢獻。他在公司爬升得很快。一九八四年，董事會推選他為貝氏堡公司總裁，他和史普爾合作愉快。一九八六年，史普爾達到退休的年紀，在他的推薦下，貝氏堡董事會推選史岱福擔任主席、總裁及執行長。不幸的是，史岱福在執行管理職責時，不久便遇到許多營運上的挫折。

他承接了一個已經擁有許多問題的企業。總部位於達拉斯的牛排與啤酒公司過度擴張，超出管理階層的控制範圍。銷售及利潤較先前的水平下跌，公司面臨關閉自家許多餐廳的困境。賺錢的班尼根酒館（Bennigan's Tavern）也出現無力控制的相同問題。管理階層分身乏術，變得非常沒有效率。這些問題開始反應在營收上，大約就在漢堡王的情況開始揭露的那段期間。

就在一九八六年之前，漢堡王的管理階層承受了要增加獲利能力的壓力。在一九八〇到一九八四年間，菜單價格一直保持穩定，獲利能力也顯著增加。在非常成功的行銷企劃之下，銷售及顧客數在這四年之間穩定成長。不幸的是，成本也隨之增加。最近，餐廳獲利能力突飛猛進，但是管理階層似乎全神貫注在未來獲利能力可能會承受壓力的可能性。他們針對這個問題的解決方法很簡單，就是打算漲價。

一九八六年一開始，漢堡王的同店銷售額開始下降，顧客數量也下跌。菜單漲價絕對是在錯誤的時間點所提出的錯誤之舉。一九八八年，顧客人數一落千丈，警鈴大響，但是似乎沒人在聽。行銷策略構想奇差又不合用，公司變成餐飲及廣告商業媒體的負面報導及揶揄對象。甚至全國性媒體也沒讓漢堡王好過，特別引述「香料食客」這個惡名昭彰的失敗案例。

史岱福不幸負責漢堡王更換廣告公司的事宜，從華特湯普森換到了艾爾公司（N.W. Ayer）。「香料」災難才剛結束，艾爾公司又製作了另一個有問題又無效果的廣告，叫做「我們依照你的方式做」（We Do It Like You'd Do It）。各種不同廣告活動及相關事務的費用累計達數億美元，然而漢堡王依舊面臨顧客及銷售持續下跌的情況。在這些備受關注的失望之間，夾雜了一些迷你廣告，像是「漢堡王城鎮」（Burger King Town）、「及時美食」（Good Food for Fast Times）、「更大更好」（Bigger and Better），以及「火烤（燒烤更美味）」（Torch〔Broiling Is Better〕）。

在這個時候，我並不特別清楚關於貝氏堡營運部門內部所發生的一切，但我們的消費者商品銷售及餐廳部門的市佔率下跌，證明了貝氏堡在許多不同方面都出現了問題。由於這些令人失望的結果，史岱福有了麻煩，而貝氏堡董事會不喜歡他們看到的數字。

雪上加霜的是，比爾．史普爾有心幫忙解決問題，但是媒體和其他人卻解讀為他有興趣重返執行長的位置，以便帶領貝氏堡走出困境。這說法並不客觀，不過這種觀點引發推測，在管理階級出現了紛爭。這也把注意力集中到貝氏堡的銷售、行銷及獲利災難，以及漢堡王與其加盟主的問題。

一九八八年三月，貝氏堡董事在佛羅里達州拿坡里的一場董事會上，商討關於管理階層的對策。史岱福以極具風度及尊嚴的態度，提出辭呈，董事會推選比爾．史普爾接手。他們要求比爾擔任臨時執行長，直到他們找到接替人選。媒體大幅報導這起事件，貝氏堡在財經媒體受到嚴重抨擊。

《財星》（*Fortune*）雜誌寫了一篇關於「貝氏堡管理階層的熱鍋」的報導。這一切都聚焦在貝氏堡陷入困境，以及為了解決問題，公司讓一位實事求是的執行長復職，他將採取激烈及不受歡迎的行動，讓公司恢復過往的獲利能力及市場地位。媒體關係降到低點，幾乎肯定會出現譏諷的評論。一九八八年十月四日，當大都會宣布以六十美元一股公開收購的消息傳出時，我的內心浮現這樣的念頭。

關於貝氏堡成為收購目標的謠言滿天飛，而引發大都會覬覦的理由又是哪一點？在主要市場中的地位衰退，再加上管理階層的問題，成了收購的推手。

在歷史上的這個時間點，企業收購是商業界及金融媒體談論的焦點。由於垃圾債券融資，那些積極參與資助企業收購的企業掠奪者和其他人士，能夠毫無困難地取得現金。Drexel, Burnham, and Lambert 投資銀行的麥可．米爾肯（Michael Milken）及他的同僚，掌控垃圾債券融資的領域，並且積極參與這個具爭議性的活動。垃圾債券融資引起國內有史以來一些最大型的企業併購案。這種鉅額債務融資的運用，成為保險、商業銀行及儲蓄借貸業等許多金融機構垮台的主因。許多金融機構因為參與這類行動而受害。

一九八八年二月，我接到來自唐．史密斯的來電，他是漢堡王自一九七七年一月到一九八〇年五月期間的總裁及執行長。史密斯領導漢堡王史上銷售及獲利成長最豐收的幾年，受到加盟主的高度尊崇，認為他是一位為基礎發聲、以營運為目的，並且富有效率的行政主管。長期擔任麥當勞的行政主管之後，貝氏堡招募他成為漢堡王的總裁及執行長。

史密斯做了很多事來改善他們的生意。加盟主對史密斯培養出極高的敬意，因為他們對維持餐廳營運最高標準的重要性有共識。史密斯強化這些規則，加盟主明白他不會容忍任何人背離明定的營運程序。他們喜歡史密斯的果斷，也欣賞他以卓越的領導技能打造團隊。當史密斯擔任總裁的職位時，從來沒人質疑誰該負起決策責任。

問題是儘管史密斯很強悍，他面對的是同樣強悍又固執的明尼亞波利斯領導階層。不久後，在策略性議題及管理風格方面，出現了意見上的衝突歧異。

史密斯想要更多自由來經營漢堡王，並且更積極參與決定公司的策略方向，但是他發現自己的處境是，在貝氏堡管理團隊及董事會核准之前，他接手太多事務了。在挫折浮現且矛盾日增之際，個人之間開始產生衝突。這種強調「我們對抗他們」的態度，早在一九六七年併購發生之後便出現了。邁阿密的行政主管似乎覺得他們是處在向明尼亞波利斯乞討的地位，伸手請求施捨。他們覺得在策略制定過程中遭到了忽視。他們的觀點是，在解決問題的戰略方法及大部分的營運議題上，都是早在他們到場之前就已經決定了。

像這類問題在母、子公司關係上並不罕見。貝氏堡及漢堡王是兩家不同的公司，各自擁有獨特的企業風格及經營哲學。這些差異經常導致個人衝突，使得維持工作關係和諧更加困難。等到大都會加入戰局之後，這兩家公司在二十一年間，大部分都存在著這種情況。

史密斯的挫折感最終導致他離職。一九八〇年，百事公司（Pepsi Co.）找他接管他們的Taco Bell及必勝客。史密斯似乎樂於離開，我們有理由相信，明尼亞波利斯的管理階層也樂意放他走。

在百事公司的短暫任期後，史密斯離職去接管好時食品公司（Hershey Foods）的餐飲部門。好時擁有友好冰淇淋公司（Friendly's Ice Cream Corporation），這是一家餐廳公司，有六百家餐廳分布在十六個州，大部分是在美國東北部。後來，他加入假日酒店董事會。這家酒店由柏金斯家庭餐廳公司（Perkins Family Restaurant）收購，而這家餐廳連鎖公司主要位在中西部。近年來，柏金斯的表現毫無生氣，而這帶給假日酒店一個他們不需要的問題，因為他們已經有一大堆其他的問題了。董事們決定重組假日酒店，脫手柏金斯。結果讓史密斯在柏金斯連鎖公司取得為數不少的股權，因為他同意接管它的管理階層，將公司恢復到可接受的獲利能力程度。

貝斯兄弟（Bass Brothers）和沃斯堡（Ft. Worth）的主要經理人理查・雷恩瓦特（Richard Rainwater）是這場交易的主要負責人，並且成為這次收購的主要合夥人。在短短幾年間，史密斯翻轉柏金斯，為公司及其投資人創下成功的表現。在過程中，他替自己打造了財富，顯然令貝斯兄弟刮目相看。一九八八年二月，史密斯打電話給我，問他是否能過來家裡一趟，並且帶一位他希望我認識的朋友。這場會面在隔天進行，我們三個坐在我家的泳池畔，他的朋友是金融交易商，也是貝斯兄弟的前同事。在史密斯解釋他和假日酒店及柏金斯的約定之後，他們造訪的目的很明顯：他們想討論從貝氏堡公司手上收購漢堡王公司的可能性。

身為貝氏堡公司董事，我想避開討論這個主題，而且我開宗明義就說，我不願意和他們商量這件事。這種事需要他們倆直接找比爾·史普爾談，我不想讓自己置身其中。史密斯或許覺得，我對漢堡王每況愈下的狀態感到沮喪，可能願意扮演中間人和貝氏堡聯絡，但是不想參與其中。

史密斯顯然和我們的幾位加盟主談過了。當時在媒體報導都刊載過，許多文章提到我們的加盟主在貝氏堡對漢堡王的管理方面，越來越不滿了。史密斯在最近與加盟主的談話當中，試探過他接管漢堡王的主意。我提議假如他們想和管理階層討論這件事的話，我會安排聯絡貝氏堡，而且我只做到這裡為止。

隔天早上，我把史密斯的想法告知貝氏堡，並且提議討論這件事，但是沒人回電提出任何問題。這在我看來有些奇怪，因為有越來越多人推測，貝氏堡可能在未來成為收購目標。我開始懷疑，還有多少人也調查過我們。

這時候，史密斯想就收購漢堡王的可能性開啟討論，貝氏堡收到的訊息指出，芝加哥的一位投資者及收購專家比爾·法利（Bill Farley）正在收購貝氏堡股票。到了一九八八年年中，法利以平均每股三十八美元的價碼，買下將近三百萬股的貝氏堡股票。在過去幾年來，法利擁有企業掠奪者的名聲，因為他積極收購了許多其他公司的股份。他藉由這種行事方式，傳達他試圖接收某家公司的威脅。這種策略通常的結局是，公司會以讓法利得到可觀獲利的價格，向他買回大量股票。以金融界的行話來說，這種方式叫做「綠色郵件」（greenmail）。

在一九八八年夏天，貝氏堡的股價每股下跌三到四美元，法利有高達一千萬美元都付諸流水了。此外，他必須為了融資購買股票的借款付出高額利息。法利當過投資銀行家及分析師，能識別脆弱的企業情況。在我看來，貝氏堡公司是他的下一個收購目標之一似乎很明顯。

法利在帳面上損失一千萬美元，看來他收購大量貝氏堡股票是犯下了一個嚴重的錯誤。他願意融資大筆資金來購買各家公司的股票，不過這一次看來，他很可能會失敗。他的投機事業有個趣聞。在大都會完成收購貝氏堡的幾個月之後，我在布宜諾斯艾利斯的一場青年總裁組織研討會上演講，正好巧遇法利，他也出席了。我問他，他買的那些貝氏堡股票最後獲利如何，他告訴我說，他賺了七千七百萬美元。我不得不佩服他的直覺。

我們的董事們可能知道有人在調查貝氏堡，但是除了法利之外，他們不知道還有誰也在進行調查。問題是第一次出擊是從何而來，以及會以什麼形式出現。這不是董事會樂意討論的主題。大都會在十月四日提供了這個令人震驚的答案。

大都會在十月四日的出價，導致貝氏堡董事會在數天後召開特別會議。就貝氏堡的股東看來，這項出價意義重大。由於預期併購案即將發生，貝氏堡股份的市值增加了百分之六十。套利者立刻進場，他們相信競標戰可能會讓股價上揚得更厲害。股東會非常關注公司董事所做的任何回應。

許多股東在這種情況下的第一個反應，是督促董事會接受這個出價，其中原因有二。第一個原因是提議的價錢比起市值溢價太多，以至於「好到令人無法拒絕」；第二個原因是基於出價會收回的可能性或威脅。對股東來說，這經常是一鳥在手勝過二鳥在林的案例。大都會提出比前一天收盤時溢價百分之六十的價格，這大幅增加了他們手上股份的價值。然而，股東無權對收購的提議做出任何回應，這項權利完全掌握在股東會的手中，他們有權也有義務要代表股東行事。

一九八七年十二月召開的貝氏堡董事會採取了所謂的股東權利計畫，別名叫做「毒藥丸」。基本上，這項計畫使得股東會在遇到公司可能發生收購的事件時，能供股給股東，以大幅低於市價的價格購買任何收購公司的股票。這一來的作用是使得未來的收購者在做出任何這類收購時，都要付出令人望之生畏的價格。實際上，只要這些股票到位之後，惡意併購者就不得不直接和董事會交手，設法談判協議。少了股東權利計畫，股東可能要以競標價格收購他們的股份，讓惡意併購者能以他們提出的條件收購大部分或全部的股份。手上有了多數股份，任何惡意併購者都能以各種不同手法來影響預期的收購。這當然是過度簡單化的說明，不過就貝氏堡－大都會的案例，股東權利計畫生效了。它迫使兩家公司在沒有其他可能選項的情況下，彼此進行協商。

董事會的首要責任之一，是決定大都會提出的每股六十美元，是否代表了貝氏堡股份的全部價值。假如他們的結論是否定的話，董事會有義務要考慮一個更好的出價，或是重整公司，進一步提高股東權益。

我們的律師團是世達律師事務所（Skadden, Arps, Slate, Meagher & Flom），一家頗具知名度的事務所，專精公司收購。他們接受聘僱，負責就法律相關事宜向貝氏堡提出建議，並且提議董事會應該遵從的策略，以便釋出他們的信託責任給股東。

此外，董事會需要聘請財務顧問，以便諮詢估價、財務重組，以及許多其他與他們必須做出的回應相關等事宜。他們聘請了美國四大投資銀行：Drexel Burnham Lambert、Wasserstein Perella & Co.、First Boston 以及 Shearson Lehman Hutton。英國投資銀行 Kleinwort-Benson 也在列。聘僱者付給這些投資銀行家龐大的費用。就我記憶所及，這些費用高達四千萬美元。

在一場十月份的會議上，貝氏堡董事會採取的第一個行動是依這股東權利計畫裡的規定，供股給貝氏堡股東，給予股東以市價的一半，購買任何惡意併購者公司的股票的選擇權。在決定即將發生的這場戰爭方向時，這顆毒藥丸扮演了關鍵角色。根據投資銀行提出的研究，貝氏堡股東會決定，每股六十美元的價格「不適當」，並且建議股東不要出讓他們的股票。就銀行家的判斷來看，貝氏堡股票的價值在每股六十到七十三美元的範圍之間。

尋找救兵的努力一無所獲，因此管理階層試圖重組公司，希望他們能向股東證明，這種重組各個事業版圖加總的結果，會大幅超出大都會願意付出的價格。這一來，貝氏堡公司或許能保持獨立。

他們考慮的一個關鍵單位是漢堡王。重組需要一個計畫，透過公司分割給貝氏堡股東，以便整頓漢堡王公司。這項計畫的一部分是，在分割之前，讓漢堡王借貸一大筆錢，或許高達十億美元。完成之後，他們計畫的是漢堡王會付一大筆現金股利給貝氏堡公司，然後貝氏堡會將全部金額以現金股利發給貝氏堡股東。這些股利會扮演一個重要的部分，決定貝氏堡公司旗下單位對股東而言的估計價值。根據計畫，在分割及豐厚的股利給付之後，貝氏堡公司殘存的剩餘價值會超過大都會的出價。決定這些單位的總價會是董事會的責任。他們會根據四家美國投資銀行提供的建議及陳述，達成這項決議。

打造這個防禦策略的關鍵棋子是漢堡王公司。分割表示任何公司在隨後收購貝氏堡時，都會遇上嚴重的所得稅負債，這可能會迫使大都會收回它的出價。國稅局會將任何正常的漢堡王分割給貝氏堡股東，視為一種免稅交易，不過假如貝氏堡後來被收購，國稅局會把漢堡王分割視為買賣。會計處理會被迫承認龐大的資本收益，最後的資本增值稅會十分龐大。

為了取得所需的現金來支付貝氏堡公司如此龐大的股利，漢堡王會做出安排，借貸超過十億美元。假如安排順利，而且投資銀行家認為可行，這會使得貝氏堡宣布發給股東每股十五美元的股利。

借貸並隨後支出這種龐大數目，不只會讓漢堡王公司處在不穩定的棘手財務狀況，也會使得它無法負擔未來的擴張需求，並且嚴重破壞公司充分服務加盟主的能力。這種行動會使得漢堡王實際上瀕臨破產。

這項投資銀行家計畫的最後羞辱，是來自隨後將極度衰退的漢堡王公司普通股，分割給貝氏堡股東。根據銀行家的看法，剩餘的漢堡王「殘株」（它在公開市場的股票交易）價值落在每股十一到十二美元之譜。這感覺像是，這兩種行動加上分割造成的「稅務藥丸」肯定會阻止惡意收購者接近。

每股十五美元的貝氏堡股票以現金股利的模式給付，漢堡王股票的八千八百萬股殘株以每股十二美元賣出，這意味著處分漢堡王會讓貝氏堡股票每股增加到二十七美元的價值。這會是一個重要的因素，有助於說服德拉瓦法院，貝氏堡的整體價值超過大都會提出的每股六十美元。我們的投資銀行家計畫，分割會由八千八百萬股的漢堡王股票組成，而且他們相信，這些股票會在公開市場以每股十二美元進行交易。

假如這種情況發生了，將近破產的漢堡王公司市值會超過十億美元。我認為這令人難以置信。

第二十三章

收購之戰

漢堡王加盟主對於分割消息的反應各異。就一方面來說，在加盟主及漢堡王管理階層的許多成員都認為，獨立的漢堡王公司加上普通股在公開市場進行交易，比起繼續待在貝氏堡公司之下，從營運觀點來說會更令人嚮往。加盟主對於貝氏堡近年來處理漢堡王事務方面感到沮喪，而且他們大多數都比較傾向分割。

加盟主會有這種感受的原因各異。他們不贊成貝氏堡的常見作法，也就是賣掉漢堡王公司的分店以及有價值的房地產，以便達到獲利目標。對加盟主而言，這證明貝氏堡對這家公司缺乏長期承諾。加盟主之間也有一種共同的感受，認為漢堡王的管理危機會穩定下來。他們非常擔心漢堡王行政主管的高流動率，指出在過去十七年來，有九位主席、十位總裁，還有八位首席行銷長管理過漢堡王。

就另一方面而言，貝氏堡同意漢堡王獨立的價碼會摧毀公司的財務健全性。在漢堡王的債務加上十億美元，然後把這筆鉅額款項交到貝氏堡公司的手上，讓他們得以把這筆金額以龐大的現金股利方式，支付給他們的股東。這麼做會嚴重破壞漢堡王在市場上持續的競爭力。當加盟主領悟到他們可能遭遇的狀況時，他們便起而反抗了。這種舉動的意涵十分可怕。自從一九六七年的併購以來，加盟主和貝氏堡公司之間的關係，從來不曾出現這麼多的不滿與怨恨。

在大都會出價之後，接下來幾週情況危急的時間裡，貝氏堡管理階層一心想策劃出一個董事會願意支持的重組計畫。重要的是能夠展現出貝氏堡的事業版圖加總的價值會大過於大都會提議的每股六十美元。漢堡王是這一切的關鍵，他們認為它有能力達到每股二十七美元。這是假定分割會實際進行，而市場會以銀行家預期的方式做出回應。

重要的問題是，在漢堡王分割給貝氏堡股東之後，要決定漢堡王的實際股價。投資大眾會認為漢堡王這種大量舉債的公司，股票有多少價值？投資銀行家決定就這部分做出判斷，方法是根據管理階層在銷售、支出及獲利方面的未來營運假設，推斷漢堡王的獲利能力與財務狀況。當漢堡王管理階層將原始估計呈交給貝氏堡之後，又被退了回去，並且附上指示要寫出一組預估數字，顯示出更樂觀的前景及更高的收益潛力。銀行家無法以他們收到的第一組數字來證明自己的論點。在這個關鍵時刻，承受莫大壓力的漢堡王總裁及執行長查爾斯·歐卡特（Charles Olcott）情願辭職下台，也不願核可他無法支持的數字。他認為他的原始提案已經有了相當的「彈性」，正如他所說，他不願「將那些數字再灌水了」。

這是漢堡王歷史上的一個悲哀時刻。後來歐卡特告訴我，他收到指示要替精簡的漢堡王批准更高的利潤預測，否則他會被要求離職。歐卡特向我說明，這是選擇要違背道德感當個有團隊精神的人，或是被炒魷魚。歐卡特是個非常有原則的人，他說：「吉姆，我辦不到。原始數字已經灌了夠多的水了。我不能再吹噓得更誇張。我只是說管它的，然後就退出了。」

十一月六日，貝氏堡董事會在明尼亞波利斯開的這場重要會議上，討論圍繞著漢堡王分割的主意打轉。貝氏堡管理階層根據最近一份他們整理的營運估計，提出漢堡王的利潤預測。這些數字高到足以讓分割的概念變得合理，他們是根據投資銀行家所提出的看法，認為分割股票會在市場上賣到每股十二美元左右。董事會難以反駁，畢竟，這些高薪聘請的銀行家是專家。

我身為貝氏堡董事，不能和漢堡王管理階層討論這些預測及假設，但是我出於直覺地不喜歡它們。在我看來很明顯的是，這其中有太多的「不切實際」了。我希望我能私下弄清楚我們管理階層的某些細節，但是要我這麼做並不恰當。我能做的只有就管理階層的預測及結論，向銀行家提出一些針對性問題。漢堡王是否覺得，在目前的市場趨向之下，他們能達到這些數字？他們對這點的答案是肯定的，還有我向他們提出的許多質疑也是。不過我覺得他們是在避免直接作答並且承受壓力，想讓這些數字對得起來。

我很清楚我們這三年以來，餐廳營業額及顧客數量都在下滑。我沒有任何信心認為公司的管理階層已經想出他們要怎麼做，才能翻轉這種局勢。在接下來的五年，餐廳業績和顧客數目持續衰退。雖然銀行家就我提出的觀點向我保證，我對這整件事依然抱持保留態度。包括我自己在內的董事們，沒有資格去質疑貝氏堡管理階層支持的數字，因此最後的分析是，我們只能仰賴我們的顧問所提供的意見。

當漢堡王分割計畫要投票時，貝氏堡董事會面臨了關鍵時刻。我喜歡漢堡王成為獨立公司的主意，不過任憑它處於資金嚴重不足而接近破產的情況，我實在不喜歡這個想法。雖然我不喜歡這項計畫，在表決時，我仍投了贊成票。事態已經很明顯，我們每一位董事都會支持這個主意，我認為我的反對票帶來的傷害多過於好處。

在這個關鍵時刻，整個董事會似乎應該要團結才對。再者，我的主要責任是支持一個如果成功的話，將會對貝氏堡股東最有利的計畫。我十分懷疑分割的漢堡王普通股，能夠在市場上擁有每股十一到十二美元的價值。然而，假如在這件事上頭，我錯了而銀行家是對的，這項計畫對股東來說可能會是一場好交易。這是我身為貝氏堡董事的責任與義務。我可以同情漢堡王，但是我不能代表他們行動。

我也思考其他的信託責任。我有義務在這件事上頭，考慮我們員工的最佳利益。假如這種分割發生的話，我們的加盟主會首當其衝。這點無庸置疑，我也有義務照顧他們的利益。我們的加盟關係顯然假定加盟主有權期待公司的財務健全，我們的供應商、債權人及員工也有各自的權利。

除了督促自己找出對貝氏堡股東最好的交易之外，現在，至少在私底下，我開始希望大都會或許能在這方面提供最好的答案。我們要顧慮到貝氏堡管理階層及銀行家的方面，在分割之後要賣出漢堡王股票不容易，除非我們的加盟主支持這個想法。因此，在十一月十四日，傑瑞．拉文（Jerry Levin）被派來邁阿密和員工及加盟主見面，以便說服他們這些數字是有效的，而且在分割之後，漢堡王依然會是一個有機會成功又充滿動力的公司。

在查理．歐克特辭職後，拉文最近被任命為漢堡王的主席及執行長。因此大家對他有所期望，也是意料中的事。在這個時候，加盟主支持分割概念對這項計畫的成功至關緊要，而說服他們接受這個主意是拉文的責任。在進行這項任務之前，他需要先說服漢堡王管理階層，這是一場好交易。

在大都會收購貝氏堡公司之後許久，我要求一名中階管理人員寫一份記事，告訴我在這些令人震驚的新發展所引發的戰火中，我們的員工有什麼感受。我收到了以下的備忘錄：

大都會收購的省思

幾週前，事情如預期地發生了：貝氏堡有五百五十人遭到資遣，而漢堡王同樣也有五百五十人。這是在我們被英國第四大企業集團大都會收購之後，不到兩個月就發生的事。

這是一場十足的下流大戰。這點無庸置疑。貝氏堡高層覺得他們打了一場好仗。這場戰爭是為了獨立、貝氏堡之名的尊嚴、它的傳統，以及那些為了打造數百個品牌名稱，組成公司資產組合而長期奮戰的人。但是，和一七七六年七月四日那起值得紀念的事件不同，這次美國人輸了。貝氏堡沒想到的是，不只是它的股東，連員工也會說「我受夠了」。股東在這輩子都不太可能見到每股六十美元，重組及漢堡王分割的模糊承諾不如冰冷實在的現金。誰管傳統呢？貝氏堡董事會及資深管理團隊有過許多機會，但是不斷搞砸。至於員工呢，他們在摸索尋求任何一點的領導力。多年來的不穩定及不當管理讓他們受到傷害。傑瑞．拉文興高采烈地宣布漢堡王分割的消息，告訴我們貝氏堡的每股股票，會使新的公開上市公司漢堡王多出一股。這項消息造成轟動，員工期待能感受到驕傲及團結的心情，恐怕要大失所望了。他們看到的是，自己辛苦賺來的退休金，變成在發行日之後價值會急速下跌的股票。傑夫以幾乎令人可憎的逞能姿態，讓員工們知道他會領導全新的獨立漢堡王……而且，順帶一提，可能只有三分之一的員工會留下來。

員工比股東和業界分析師更清楚這家公司的真實狀態。員工會冒險接納一個外來者，決定把他們的運氣押在一家未知的公司，大都會。

員工似乎明白，這一切不可能有好結果。無論是誰贏得這場戰爭，一場企業大屠殺肯定會隨之而來。

我相信這份備忘錄公平地反映出大部分員工及加盟主的看法。對於貝氏堡想讓公司走下神壇的明顯意圖，漢堡王大家庭中的每位成員都感到極度沮喪。

大約在這時候，在戰火延燒的時期，而且大多是由於媒體關注可能具破壞性的加盟主反抗及報復，貝氏堡決定中止影響漢堡王公司分割的計畫。這個主意證實太難說服那些可能受到這次行動影響的委託人，而且大家似乎都相信，從法律的觀點來看，我們可能踩到了訴訟地雷區。

十一月，在德拉瓦衡平法院舉行的一場聽證會上，艾倫法官做出意義重大的評論。他告訴大都會的律師，他看過貝氏堡的機密財務資料，看到超過每股六十美元買入價的價值。他說，假如情況保持原狀，毒藥丸能留在原地，他會建議大都會，假如要他改變心意的話，他們「必須展現某些行動」。他在十二月十二日安排一場聽證會，以便考慮分割議題，並且就毒藥丸為何應該或不該留在原地的部分，聽取其他辯論。艾倫法官對大都會說的話深具效力：「我看到的價值超過六十美元，假如你們要留在競賽場上，有所進展，你們最好拿出你們最佳的出價。」

法官對貝氏堡所說的是：「讓我看到你們要如何以及為何能把股價提高到每股超過六十美元。你們是根據什麼基礎而做出這些結論？」他基本上是說：「你們不能只是拒絕大都會，除非你們為股東帶來更好的價值。」這是在告訴貝氏堡董事會，他們需要想出比在大都會提案裡的方案更好的計畫。在缺少可接受的計畫之餘，貝氏堡冒的風險是法官可能禁止分割及撤回毒藥丸，因此股東得以自行決定是否要接受大都會六十美元一股的出價。

到了十二月初，大都會把他們的公開收購提高到每股六十三美元。貝氏堡在可能撤回的威脅下，有幾天的時間可以考慮這個價碼。艾倫法官訂了十二月十二日的期限，貝氏堡承受莫大的壓力。雙方律師的討論顯示，假如這件事在兩造之間能盡快解決，可以提出更高的數字。

十二月十一日，貝氏堡董事會召開通訊會議，得知代表雙方的投資銀行家討論顯示，或許能做出六十六美元的安排。而其中甚至有六十七美元的暗示。董事得知大都會執行長艾倫．薛帕德爵士（Sir Allen Sheppard）正式提出六十五美元的價格，條件是過了午夜便失效。這帶給貝氏堡董事更多的壓力，要求我們檢視所有的可行選項。隔天在德拉瓦的衡平法庭上，威廉．達菲（William Duffy）法官就要聆聽辯論了，貝氏堡的意見數量不多。

看來這一切歸根究柢就是：我們可以接受六十五美元，或是拒絕六十五美元，然後設法協商一個較高的價格，或許是六十六或六十七美元。我們的最後選項是訴訟，主張支持把毒藥丸留在原地，而且只有在我們能以高於六十八美元的價格來談妥交易，我們才同意移除毒藥丸。訴訟可能要花到三個月，而勝訴的機會不大。我們的律師提醒我們，假如要走那條路的話，我們會「長時間陷入泥沼之中」；同時，生意會立即受到影響。這場進行中的戰爭的不確定性，足以麻痺企業活動及員工士氣。

股東及套利者大聲疾呼要和解，而雙方的差距並不遠。十二月十二日週一早上，貝氏堡董事會再次通訊開會。達非法官安排的法庭聽證會是下午兩點。前一天午夜過後，大都會的六十五美元出價便失效了，目前在我們眼前的是六十三美元的收購價格。在我們的電話會議中，董事會通過一項決議，正式拒絕這個出價，因其價格過低。我們的律師保證，就他們看來，我們能協商到六十六美元的和解條件。我主張贊成這項和解，而非冒險面對法庭的不利判決。這個論點似乎得到大多數董事的支持，然而在這時候並不需要任何正式行動。那天下午，這個問題會被帶上德拉瓦法庭，那場聽證會所做出的裁決肯定會決定我們的下一步行動。

十二月十二日當天稍後，達非法官聽取辯論，然後在十二月十六日做出裁決。這個期盼已久的裁決禁止貝氏堡分割漢堡王，裁定以毒藥丸作為主要的反收購防禦措施為非法。這注定了貝氏堡的命運。現在能做的只有考慮就這個議題爭訟，或是和大都會協商出一個最好的交易。

貝氏堡董事會的最後一場會議是在十二月十八日於明尼亞波利斯舉行。幾天前，達非法官裁決並同意大都會提出六十六美元的出價，以供貝氏堡董事會考慮之後，雙方的律師在紐約碰面。聽取我們出席會議的律師及銀行家發言之後，董事會依照他們的集體建議行動，通過一項決議，認為每股六十六美元是合理的價格，貝氏堡股東應該接受這份出價。決議通過，唯一投下反對票的只有比爾．史普爾。當天便簽署了併購合約，提出一九八九年一月收購的所有貝氏堡股票均以每股六十六美元買入，剩餘的股票會在稍後的所謂第二階段併購時收購付款。

貝氏堡認輸投降之後幾天，大都會的美國分公司總裁伊恩．馬丁（Ian A. Martin）表示，漢堡王管理階層的變動是可預期的。「我們確定會從英國派某個擁有豐富食品零售經驗的人過來，」馬丁說。「這是幾乎肯定的。」根據《邁阿密先驅報》（*Miami Herald*）的報導，馬丁期待和漢堡王加盟主見面，並引用事實佐證，由於先前提出漢堡王分割計畫，加盟主和貝氏堡的關係因此惡化。另一份報紙則提及，在這場長時間的收購戰爭期間，許多加盟主支持大都會，並且為倫敦公司的勝利喝采。

在十二月十九日的週一早晨，我離開了明尼亞波利斯，前往邁阿密回家。在機場，我買了《今日美國報》、《紐約時報》以及《華爾街日報》，還有幾份當地報紙，上面全都大幅報導大都會的勝利。當地報紙推測這家英國公司會強迫貝氏堡、它的數千名員工以及社群本身做出的一些改變。當地報紙推測，明尼亞波利斯的居民生活會分崩離析，許多人會失去工作及生計。

大都會又會因此有什麼改變呢？他們會支付貝氏堡的股東五十七億美元，然後接管這家公司。目前貝氏堡的收益似乎意味著，公司絕對值五十七億美元，但是大都會聲稱，他們知道要如何打造並行銷品牌，而且強調要大幅強化貝氏堡在市場上的據點。貝氏堡擁有一些世界知名的品牌及商標，包估漢堡王、華堡、哈根達斯、綠巨人、托提諾披薩（Totino's Pizza）、范德坎普（Van de Kamp's）、貝氏堡的Best，以及貝氏堡麵團小子（Pillsbury Doughboy）。大家的希望是大都會能非常成功，最終證明他們做出這麼可觀的投資是合理的。我納悶他們要如何應付在邁阿密的漢堡王公司辦公室等著他們的管理挑戰。

一九八九年一月九日，在正式收購貝氏堡公司之後，伊恩・馬丁坐上了貝氏堡及漢堡王公司的主席職位。他派了一名四十三歲的年輕人，名叫巴瑞・吉柏森（Barry Gibsons）到邁阿密，並且給了他執行長的頭銜。

巴瑞抵達邁阿密不久後，我從我位在漢堡王世界總部大樓的五樓辦公室打電話給他。我介紹自己是漢堡王的共同創辦人及貝氏堡公司的近期董事，並表達歡迎之意，希望我在「不久的將來」有機會和他見面。

他的回應是詢問他是否能下來打聲招呼，並且說他迫不及待想見我。他來到我的辦公室幾分鐘，並且做了非常愉快的介紹之後，我開門見山地說出我想說的話。我覺得他可能認為這並不失禮，而且或許是意料中事。我提議我搬出我的辦公室，並且說：「畢竟，我們打了一場辛苦的仗，而我一直待在另一方。我不想讓人感覺我不喜歡大都會或是你，因為我並沒有這種感覺。我真正關心的只有一件事。我等不及想看到你和大都會讓漢堡王的事業一飛沖天，如果有我能出力協助的地方，我都樂意幫忙。」

他熱切地看著我說：「麥克拉摩先生，我久仰大名。我在過來這裡之前就聽說了不少關於你的事。身為這家公司的創辦人，許多與漢堡王相關的人士都對你推崇備至。假如你能繼續留任、參與事務，對我們會很有幫助，也是我們的莫大榮幸。」這番話令我非常感動，也得到莫大的恭維。

我繼續留在我的漢堡王世界總部辦公室，直到一九九二年八月二十四日，當安德魯颶風給了大樓殘酷的一擊，導致超過三千萬美元的損失，大樓需要淨空。更加嚴重的是我們有許多員工住在這場殺手級颶風的路徑上，而他們的生命及住家都遭受了巨大的損害及摧殘。為了回應巴瑞．吉柏森的領導，大都會特別提出要在這場大自然災難之後，照顧漢堡王員工的利益以及家庭。

這些員工無從得知的是，在漢堡王試圖替自己在未來重新定位，進行重組及再造而引發的另一場風暴，將如何影響他們未來的生活。

第二十四章

大都會的絆腳石

在支付現金五十七億美元買下貝氏堡公司之後，大家普遍承認漢堡王的價值可能接近十五億美元，雖然這數字純粹是猜測而已。而且就漢堡王來說，大都會也承接了某些問題。

正如先前所提，在一九八五年，漢堡王開始經歷了生意下滑的困境，而且在接下來的七年間持續走下坡，直到一九九三年情況翻轉為止。在菜單價格持續上漲的這段期間，平均店銷售額下跌，最顯著的衰退反映在顧客數量的流失上。假如這件事曾讓管理階層感到心煩，他們也並未顯示出來。生意一落千丈，而菜單價格上漲，顯然是試圖要重新找回失去的營運獲利。當獲利下跌，餐廳營運的品質也深受其害。

在提升獲利能力的壓力之下，新指派的大都會管理階層採取的策略是近一步提高菜單價格，而這麼做很快就給漢堡王及其加盟主帶來麻煩。

從一九六〇年代中期以來，我們的招牌商品華堡的價格從三十九美分不斷漲價，直到一九九三年最高達到一點七九到二點八九美元之間。在同一段期間，原本一般的十二盎司軟性飲料，在大部分市場從十美分漲到七十九美分，不過容量增加到十六盎司。炸薯條的售價從一份一般份量十美分的售價，變成三種份量，售價從七十九美分到一點二九美元不等。食材及包裝價格上漲是漲價的部分原因，但絕對不是全部。

之前，顧客付的錢有百分之四十三是食材和包裝的成本，現在的成本則是不到百分之三十，結果就是大眾付錢買到的食物比過去要少很多。我們的生意原本是建立在一個簡單的主張上，就是提供我們的顧客超值的感受。我們失去了那份初衷，直到一九九三年才猛然醒悟。

直到一九九三年，我們推出了許多不同的行銷及廣告策略，想要翻轉那種趨勢。漢堡王花了數億美元在昂貴的廣告及行銷企劃上，然而全都無法帶來明確的成果。現在看來，顯然這不是我們的行銷及廣告活動的錯。我認為它並未傳達價值給我們的顧客，而他們在我們的耳邊大喊，試圖告訴我們是哪裡出了錯。不幸的是，管理階層並沒有聽見。

我很難理解公司為何不再把重點放在打造公司的基本原則上，也就是產品品質及快速服務。我們的餐廳需要修正，而我們的營運策略令人遺憾地有所缺陷。在這種情況下，記得廣告有如雙刃劍。在餐廳的產品和服務有問題，或者生意管理不善，無法符合顧客期待時，邀請顧客上門，這絕對是不智之舉。好的廣告或許一開始能招攬新顧客上門，但是當他們看到自己的需求無法有效地被滿足時，損害便發生了。

從一九八五到一九九三年，許多不同的廣告活動都上電視及廣播，每一個都帶有不同的主題或特別的訊息，我們的一致性被拋在腦後。我們似乎缺乏任何真正的能力去打造及強化一個強大又一致的形象。

在「香料食客」之後的廣告是「漢堡王城鎮」，試圖將漢堡王定位成居民專家，知道要如何做出全國各地「家鄉」的最佳漢堡。「及時美食」是另一個廣告，要把漢堡王定位成在快速移動的世界裡，吃有品質美食的最佳地點。我們以頻繁改變的訊息混淆了人們。

在這個艱難的時刻，我接到知名商業刊物編輯的來電。他問我關於「模糊不清」形象的事，還有漢堡王傳遞的扭曲訊息。他就是不明白公司到底試圖傳達些什麼東西。

還有一個更急迫的問題。在推出廣告或促銷活動之前，我們要把我們的食物及服務升級，修正餐廳內部出錯的部分。這是首要之務。直到我們先把內部問題解決之前，廣告情況可以暫時擱置一旁。

當我們推出那麼多新菜單品項時，為自己製造出大問題，這帶來更多的困惑。我們把焦點從漢堡挪開，放在雞肉、魚肉、甜點，還有各種招牌三明治上。雖然華堡顯然受到認可，成為全美國最受喜愛的漢堡，管理階層還是把焦點從漢堡以及我們獨特的火烤料理過程，轉移到推銷其他產品。過了沒多久，我們就不再是「美國的漢堡王」了。這是我們努力多年來，好不容易才掙得的崇高地位。

另一個典型的失敗廣告是一個叫做「我們依照你的方式做」活動。這個數百萬美元的企劃用意是要傳達訊息，表示漢堡王料理食物的方式，就像人們親自料理食物一般。一九九三年七月十六日，《華爾街日報》刊載了一項觀察，表示「麥迪遜大道的排水溝塞滿了棄置的標語，那在某人的會議室裡，或許似乎是絕世的佳作——像是漢堡王一九八八年短暫出現的繞口令：『當我們依照我們在漢堡王所做的方式做時，我們就是依照你的方式來做。』」這篇報導接著說：「有時候，一個品牌會甩不掉一句琅琅上口的舊標語。漢堡王經歷了十句最難忘的標語之後，『我選我味』下台一鞠躬。『我選我味』曾是大贏家，現在被扔在一旁了。」

在後來領悟到淡化漢堡地位的錯誤之後，「照你的方式做」廣告試圖利用我們獨特的火烤料理漢堡方式來扳回一城。這是讓我們和對手有所差異的地方。電視廣告呈現出海灘樂趣及後院料理的場景，但是沒有太多我們餐廳所提供的產品畫面。後來又推出一支所費不貲的廣告，叫做「有時你要打破規則」（Sometimes You Gotta Break the Rules）。這支爭議性廣告背後的概念，起碼在我們行銷主管的內心裡，是漢堡王樂意做到最極致，假如非要這麼做才能為顧客帶來最棒的食物和服務的話。

這些昂貴的活動逐漸結束後，銷售量從沒變動過，顧客數量持續下滑。我確信問題的重點在於漢堡王不再為顧客帶來價值了。我們用高價害自己失去了市場。我們應該要處理這個問題，利用廣告告訴美國大眾，我們在努力讓價值回到我們的經營模式之中。

在這些構想不佳的行銷活動之中，我接到一通來自溫娣餐廳連鎖店的創辦人戴夫·湯瑪斯（Dave Thomas）的電話。一九七五年，我在擔任美國餐廳協會董事長時，認識了戴夫。當時我在芝加哥參加美國餐廳協會貿易展及博覽會。戴夫來到芝加哥，參加溫娣餐廳第四十家分店的開幕典禮，這也是他在伊利諾州的第一家餐廳。雖然我們當時不認識彼此，他邀請我參加他的餐廳開幕儀式，給一點意見。我從這個場合和這位有趣男子發展出長期的友誼。

多年後，戴夫搬到羅德岱堡，我們在不同的聚會上見到彼此，我們的友誼及對彼此的敬重因此不斷滋長。我們都關心受虐及遭到遺棄的孩子面臨的困境，也都支持南佛羅里達州的慈善活動。麥克拉摩兒童中心是一個投入於這方面工作的重要機構，由兒童之家協會運作。

戴夫打給我，提議我們應該討論一些和兒童照護相關的問題。我建議我們在我位於漢堡王世界總部的辦公室共進午餐。當我們走到用餐區，他帶著閃爍發亮的眼神，轉頭看著我說：

「吉姆，關於你的廣告企劃，不要做出任何變動。這些廣告活動真的太棒了。」看著他臉上惡作劇的露齒而笑，我明白了即使連我們的對手都無法了解，我們到底想在大眾的心目中如何為漢堡王定位。

戴夫知道我們的狀況，而在他善意的評論之後，我的臉上肯定是流露出挫敗的表情。他問我說，假如是由我來經營公司，我會怎麼做。我回答：「我會依照李．艾科卡（Lee Iacocca）為克萊斯勒所做的那樣去做，成為公司的發言人。我會告訴大眾，我在三十年前打造了華堡，而且我會在電視上展示這個漢堡，加上民眾的評論，表示華堡是國內最棒、最受歡迎的漢堡。」

幾個月之後，我看到戴夫在他的第一支電視廣告上，以溫娣漢堡的發言人現身。我不知道他是得自我的靈感，或者這是他原本就決定好的。不過溫娣漢堡決定請戴夫當發言人，證明是餐飲業最成功的一項行銷策略之一。溫娣漢堡的行銷計畫中加入個人色彩，在接下來的這些年，有助於大幅增加他們的店營業額。

戴夫運用他的樸實態度成功推出了超值菜單，以及許多全新的特餐商品。溫娣漢堡是能認清正面處理價值問題需求的最早幾家餐廳連鎖店之一，也是最早懂得利用熱烈的顧客回應的連鎖店之一。有了湯瑪斯擔任首席發言人來傳達價值訊息，溫娣漢堡的店營業額大量增加，而漢堡王的平均店營業額及顧客數量則持續持平或負成長。一九九三年起，漢堡王的平均實體店營業額連續第七年下滑，而打從一九八四年的年尾起，平均餐廳顧客數量下跌百分之二十五。這種情況很艱難，銷售業績如此低落，許多加盟主發現自己已經周轉困難。

在大都會開始接手的一九八九到一九九三年間，營業額及顧客數量下滑的問題一直持續著。漢堡王公司行銷部門保留的紀錄說明了流量的分配，也就是在整體的快餐餐廳（Quick Service Restaurant，QSR）三明治類的漢堡王顧客百分比。這些是上速食餐廳吃三明治，包括漢堡在內的顧客。「平均餐廳營業額」反映出實際的銷售金額，未經菜單價格增加而調整，「平均顧客數」則是一般漢堡王餐廳服務的顧客數量。

平均餐廳顧客數的減少從一九八五年的九百四十三人降低到一九九二年的六百八十七人，我們的顧客平均基數在八年內損失了超過百分之二十五。假如這個趨勢繼續下去，對公司及其加盟主的衝擊會龐大無比。吉姆．亞當森（Jim Adamson）在一九九三年中期擔任執行長，當時的銷售令人失望，獲利下降，加盟主深感挫折，而且對於未來深感憂心。每個人都希望亞當森能翻轉這種趨勢，讓公司走回正軌。

年	顧客流量百分比	平均餐廳營業額	平均顧客數
1985	17.0	$1,014,000	943
1986	16.6	$1,020,000	893
1987	16.5	$1,012,000	872
1988	16.6	$983,000	842
1989*	16.2	$952,000	792
1990	15.7	$955,000	735
1991	15.0	$946,000	697
1992	14.6	$961,000	687

* 大都會於一九八九年一月接管。

⊙吉姆回到漢堡王

當我來到漢堡王擔任營運長，我並不是速食業或加盟業出身的，我來到一個全然陌生的環境。我在當上執行長之前，知道吉姆．麥克拉摩在漢堡王總部有辦公室，但是沒有人主動積極去找他求教討論公司的事。

我在一九九三年接任執行長時，我想要吉姆．麥克拉摩一直在提供給我們的那種協助。他在我們的大樓依然保有辦公室，因此我下去說：「吉姆，你是漢堡王的化身。這家公司八年來一直在掙扎，而且和加盟主發生內戰。我喜歡你到目前為止所做的一切，我想要你繼續協助漢堡王。我想翻轉情勢，不過我需要你的幫忙。」

吉姆說：「我樂於幫忙，但是我有一個條件：我要誠實得嚇人，而且可能會拋出某些尖銳的問題。我不會有所保留。」所以那天晚上我回家，思考這個問題，然後隔天我回去，同意這個條件。

情況變得很明顯，假如我要修正漢堡王，我需要加盟主支持我。吉姆和我聚在一起，開始「吉姆和吉姆秀」，討論所有的議題，並且擬定策略來修正漢堡王面臨的問題。吉姆成為我的精神導師及擁護者，他協助我解決加盟主的問題，這是公司先前一直無法辦到的事。在八個月內，我們翻轉漢堡王的情勢，訂定全新的加盟合約，這大多要歸功於吉姆的真誠及辛勞。

少了吉姆的協助，我絕不可能在這麼短的時間內辦到這件事。他關照每個人，引導他們成功。加盟主聽他的話並且尊重他，我相信我的成功是因為吉姆的影響，無論在個人方面或加盟主部分都是。

我回顧我的事業，而我第一次擔任執行長就是在漢堡王。我在吉姆．麥克拉摩的身旁學習到許多很棒的經驗，在我剩餘的職涯中一直都受用無比，幫助我在其他的角色獲得成功。

——吉姆．亞當森，漢堡王執行長，一九九三到一九九五年

第二十五章

重回戰場

卸任了漢堡王執行長的職位之後，我還是和公司主管及少數加盟主保持某種程度的接觸，但是從不曾再行使任何的正式管理權。我的參與僅限於在偶爾的場合中，我受邀在全國會議演說，非正式談論由我自行選擇的主題。我不再是公司未來計畫的主持者或評論者，我也從來不曾利用這些場合表達我對公司策略或業務的意見。

這些會議是管理階層的機會，能呈現營運或行銷計畫，同時強化他們和加盟社群的溝通。我在這些場合所傳達的基本又單純的訊息是提醒大家，原本的漢堡王營運系統是業界最棒的，而且堅持這些標準相當重要。對我來說，非常重要的是強化概念，接受打造這個企業的基本及基礎原則：我們的食物品質、餐廳的整潔度，服務的速度，以及員工的禮貌。這向來是漢堡王企業成功的基本配方，而我只要有機會就會設法闡明這個觀點。

在戴夫．伊格頓和我的展望中，漢堡王的成功會打造在堅守品質、整潔、速度及禮貌的簡單原則上。但是我們也知道，我們需要在進入的每個市場中都能快速擴張。我們相信，最終的獎勵就是打造出強大的市場佔有率。儘管我們擁有積極的擴張目標，我們的加盟主還是極力主張要把重點放在規劃聰明的成長，同時設法遠離可能使他們面臨財務不穩定的快速擴張方式。

我們提醒加盟主成為全國性廣告主的重要性，因為提高我們的競爭地位具有重大的策略性意義。對於加盟主協助打造企業的重要貢獻，我向來抱著深摯的感激。我關心他們，而他們似乎也明白並體會這個事實。漢堡王系統的成功向來仰賴我們加盟主的成功。當這些人簽約成為加盟主的那一刻起，我覺得他們是把信任與信心交付給我們，而我總是盡力設法證明這份信任具有充分的理由。

一九九三年，加盟主裡有許多人面臨了艱困時刻。生意大幅下滑，大家普遍感到絕望，而且覺得除非發生某些戲劇化的事，情況將不會好轉。於是在一九九三年一月，我接到當時擔任美國加盟主協會（American Franchisee Association理）事長傑瑞．盧恩海克（Jerry Ruenheck）的來電。他問我是否願意在他們即將舉辦的一系列會議中，參加一場加盟主的聚會，談談漢堡王目前面臨的問題，並且就最佳的處理方式提出一些建議。

在答應傑瑞的邀請，前往這場聚會演說之前，我先和當時的漢堡王執行長貝瑞．吉柏森碰面，討論這件事。在貝瑞擔任漢堡王執行長的那四年半期間，我和他保持著友好的關係。他是聰明又強勢的領導人，在行銷、餐廳營運及加盟方面很有主見。雖然在許多這類重要事宜上，我不見得贊同他的看法，不過我們在難得碰頭的那些場合中，能夠輕鬆自在地溝通。

貝瑞和加盟主在議題上有過許多衝突爭吵，而且在某些場合上，他相當激烈地對他們表達他的觀點，說明加盟主和公司的合約關係下應負的責任。我從未被要求在公司擔任主動的角色，而且我真的從來沒指望有人會請求我。貝瑞非常受邁阿密商界的歡迎，他是絕佳的發言人，能帶著迷人的丰采表達言論，而且他贏得高效率企業主管的美譽。

當我提起那場加盟主聚會時，我說我傾向於這麼做，但前提是我的出席及言論能對這個情況帶來建設性的貢獻。我告訴貝瑞，我強烈感到漢堡王目前遭遇的許多問題是公司自己造成的，假如我在那場聚會演說，我會坦率地表達這些觀點。除了辨識及評論那些我相信造成我們面臨的問題相關的政策及決定，我看不出有別的辦法能讓我們擺脫目前的困境。感謝貝瑞，他力勸我接受加盟主的邀請，在他們的會議上演說。

這使我處於一個有趣的位置。這是二十一年來，漢堡王管理階層首次請我就公司政策議題及營運事宜，向加盟主發表演說。我很高興能有這個機會參與。我打給傑瑞，接受他的邀請，同意在二月二十五日於坦帕舉行的美國加盟協會會議上發表演說。

我很清楚我們公司的經營方式是哪裡出了差錯，而且我對於這些問題應該如何處理有一些明確的建議。我非常高興有這個機會能針對這個主題，表達我的看法。

在過去，即便我經常十分擔心事情的處理方式，我從來不曾公開或私下談論自己對漢堡王策略方向的擔憂。我覺得這麼做會破壞這個系統。除非我能在這個系統內，公開並有建設性地談論這些議題，而且能獲得管理階層的贊同、認可及支持，否則我所做的任何評論可能只會讓事情變得更糟。

我的出場引發了一陣長時間的起立鼓掌。這些不安的群眾似乎明白，我知道他們的問題所在，而且看來似乎很明顯，他們希望我能提供一些建議，協助帶領我們脫離目前的艱難處境。過去八年來到目前為止，漢堡王一直經歷店營業額及顧客流量的下滑，而且事情依然沒有起色。這個情況十分嚴峻，坦帕的氛圍陰沉黯淡。

旁觀者清，當了這些年的局外人，讓我能夠看見發生了什麼狀況。概括來說，問題集中在效果不彰的廣告活動、上漲的菜單價格。

除此之外，再加上一九八五年開始有兩年的時間，漢堡王有三位不同的行銷長帶領行銷部門。這些主管每一位對於如何定位公司都有不同的想法，因此行銷策略開始不斷變換。有好些年，菜單價格持續上漲，而輕率推出大量新產品則使得消費者及員工都感到困惑。最後這導致了我們的平均餐廳顧客流量降低了百分之三十四，而我們期待打造銷售業績而做的廣告、推銷，以及促銷，則花了超過十億美元。

我在坦帕的演說提出的第一點是，我們訂價過高而使得自己失去市場。我們不再被視為是個超值的好去處。這是基本問題，而且就生意來看，我說要取回我們失去的唯一的方式，是開始提供大眾比過去幾年更多的價值。幾年前，Taco Bell 在餐飲業開了第一槍，把他們熱銷的菜單品項價格大幅拉低。溫娣漢堡及麥當勞不久後也群起效尤，推出了超值菜單，當作提升顧客流量及銷售額的誘因。對於這些作法，我們並未多做什麼加以回應，而業界已經展開了一場折扣戰。

這時我說了個故事：在我們的對手已經採取價格行動之後，我在我們的總部大樓走廊上遇見了行銷長，於是問及他打算如何回應這些新作法。我假定他心裡一定有了計畫。我很意外他表示完全不同意我的說法，接著說我們的對手價格打折，最終會產生反效果。我請他解釋為何有這種感覺。他的立場是我們的對手價格打折，傳達給大眾的訊息是他們過去付的價錢並不值得。

他的預測是，顧客會對這些企業的價格感到幻想破滅，以至於再也不上門了。他的結論是，就維持高淨利率來說，漢堡王要保持價格不變，堅持到底。我不敢相信自己所聽到的。菜單呈現及價格是重要的策略議題，我確知採取這種「保持不變」的價格立場，漢堡王很快就會面臨一場即將到來的災難。我們和周遭的世界完全不同步。

等到美國加盟協會舉辦會議時，這套系統毫無疑問受到重創。國內經濟已經蕭條了一段時間，許多人都失業。在這個時候，顧客信心十分低落，大眾在尋找價值，積極比價。我提醒加盟主，一九九〇年代已經成了眾所周知的「價值十年」，並且建議首要之務是盡快直接對付價值問題。我強調，假如公司無法以有效的價值建立計畫來帶路，我們在不久的將來就會陷入更大的麻煩。

我提出的第二點是，華堡並未被當成重要的行銷工具來使用。我提醒大家，每當漢堡王採取九十九美分華堡的促銷活動時，我們的銷售額就一飛沖天。這是明確的證據，顯示我們無論何時以低價提供招牌產品給大眾，顧客就會成群結隊回到我們的餐廳。我建議許多市場可以定期推出九十九美分的華堡，而其他的所有市場則應該利用它搭配薯條及飲料，同樣也是低價推出。

打造顧客流量會刺激整體產品線的銷售額，雖然短期的利潤可能會稍微降低，但長期下來，餐廳一定會在整體利潤上受益。我力勸管理階層使用華堡當作主要吸引力，誘使生意回到我們的餐廳，預期銷售會回到我們過去享有的高標。這個策略在許多主要市場都證明很成功，採取這項策略的創新加盟主回報，自從推出價格為九十九美分的華堡之後，銷售額及顧客流量都增加了百分之四十以上。在此之前，大多數市場的華堡定價是一點七九到二點零九美元之間。華堡折扣背後的理論是，藉由銷售每份華堡時稍微降低的利潤來建立流量，換得將周邊產品以一般利潤販售給大為增加的顧客群。

華堡曾經幫助我們擺脫困境。第一次是在一九五七年我們首度推出這項產品時。自從那次之後，它便成了國內最受歡迎的大漢堡。到了一九九三年，我們每天賣出兩百萬個以上的華堡，調查顯示美國人喜歡華堡的程度，和其他任何漢堡相比是二比一。我表示如果使用得當，這個漢堡是一項非常強大又有效的行銷利器。

就算是在我說話的當下，我們花費數千萬美元在促銷「晚餐籃」，內容物是一份牛排三明治、炸蝦，或是一份裹麵包粉的雞排，每樣餐點都品質堪憂。推出晚餐籃的想法是為了建立晚間銷售額，直接提供全餐的服務到他們的餐桌。這項服務的外加特色是我們的顧客在等待時，可以拿到免費的爆米花。

這真正背離了我們經過證實的服務系統，而且存在一個重大的營運問題。最受歡迎的晚餐籃結果是華堡加薯條，大家應該都不意外，因為這兩種菜色是我們的菜單上長期以來最受歡迎的品項。顧客試圖告訴我們，他們就是要華堡和薯條，而且對於我們並未善加準備及呈現的低品質晚餐品項不感興趣。我確定要是加盟主能就這件事發表意見，他們絕對會拒絕這個主意。即便我們的餐廳每天賣不到二十個晚餐籃，我們還是持續這項企劃將近一年半的時間，而且據說花了超過四千萬美元來推廣。當這項企劃終於中止時，管理階層被迫承認這是一大失敗。

我談到最近的草率菜單激增造成了困惑以及較慢的服務，並且導致顧客及員工都惱怒不已。我最近花了點時間研究我們自己的市場調查，建議管理階層說，現在國內的速食餐廳顧客在所有頂尖的連鎖店之中，將漢堡王視為最糟糕的供應者。這項調查也揭露了主要的抱怨是我們無法精準地完成顧客的餐點。我說明這是在一份已經太擁擠的菜單上，添加無意義的各式新品項所造成的直接結果。

我抨擊管理階層縮減對加盟主服務的作法。關閉全國各地的地方及區域辦公室，任憑加盟主自生自滅。我抱怨這種短視的政策是錯誤的，這會降低全國各地的餐廳營運標準。

英國倫敦的大都會總部距離位在佛羅里達州邁阿密的漢堡王總部十分遙遠。大都會專精於金融及行銷領域，公司在這些方面贏得高度國際聲譽；至於他們在出色的營運技能方面，就略遜一籌了。假如是他們決定讓漢堡王縮減服務，他們應該為這個決定的結果所造成的餘波負責。縮減成本是一回事，但是縮減公司需要的必須服務絕對會導致無法修復的傷害。

我提起過去的無效廣告活動，並表示我們目前任用的電視發言人並未傳達出公司的適當形象。當時的發言人是MTV名人丹．寇提斯（Dan Cortese），大部分的觀眾群落在十八到二十五歲。這次廣告的主題是「我愛這地方」（I love this place），在我向坦帕的加盟主批評這次廣告活動之後，過了十個月，商業媒體、《今日美國報》及《華爾街日報》都指出，我們的「漢堡王電視」活動是一九九三年最糟的廣告活動之一。

我認為重要的是擺脫我們正在進行的這類廣告，多和更多樣的消費者市場推廣我們的產品，同時把焦點放在價值的議題上。我們需要建立起的是，我們是銷售高品質漢堡及其他超值菜單品項的業界領導人。我設法強調的是，我們的招牌商品華堡，是我們能使用的適當工具，將這些重要的觀點傳遞出去。

在坦帕會議期間，當時實施的政策是授權給我們的加盟主，決定在他們自己的地區能使用那些廣告及行銷策略。我表示為了整體的漢堡王系統著想，這種麻煩的安排非拋棄不可。

無論好壞，在決定整體企業廣告及行銷策略時，公司必須把信心放在單一的管理職權上，而這份管理職權必須只掌握在漢堡王的執行長手中。加盟主經歷了一次又一次的行銷失敗，他們見證了廣告預算是如何大筆浪費了。媒體規劃及媒體購買功能陷入了混亂一陣子，而我們未曾聚焦的行銷策略創意執行當然會受到媒體、外部觀察家，以及想當然耳還有加盟主本身的嚴厲批評。我能明白為何加盟主想加入並掌控這一切，不過就我的判斷來看，這樣就是行不通。我確信這種事的最終管理職權必須落在管理階層的手上。

事態越來越明顯了，電視廣告必得由更多區域及地方廣告所取代，因此每一個獨立市場都擁有自己的特色、機會、形象及行銷計畫。我們必須尋找有潛力讓系統回復成功的廣告策略，不過問題真正還是在公司並未處理營運缺點、菜單激增、價格問題，或是餐廳服務的諸多狀況上。這些問題必須先加以處理，系統才能恢復競爭力。單靠廣告是無法解決問題的。當務之急是為企業本身問診，以目前情況來看，可說是全身上下都是毛病。

任何行銷部門都有一項重要的職責，就是辨識問題在哪，並找出解決方案，但是他們並未做到這點。我們的管理階層知道這些問題好多年了，因為這些都寫在我們調查人員所做的報告裡。不幸的是，他們視而不見。管理階層的失察以及無能辨識並處理營運缺陷及其他嚴重缺失，這些要先處理完畢，漢堡王才能跨出下一步。我說當我們並未妥善地營運餐廳，只把焦點放在吸引新顧客上門的廣告是毫無意義的。

另一項令人深感困擾的問題和我們的競爭力有關。我告訴加盟主，我不明白我們為何不曾追隨四處可見的雙線得來速營運方式。在當時，這些新企業代表一種重大的競爭威脅。他們的招牌餐點是做得就像是華堡的漢堡，它只是小一點，不過售價九十九美分，大約是華堡售價的一半。他們其他的菜色大多是薯條和軟性飲料，價格也略低於我們的售價。他們沒有室內用餐座位，顧客透過兩個得來速窗口接受服務，這正是百分之六十的速食顧客偏好的服務方式。他們在這方面有一項重要的競爭優勢。他們的簡單菜單和我們三十年前的一樣；他們的食物賣相佳，服務快速，價格低廉。他們引發了激烈的競爭，但當時我們並未做出任何回應。我們的無作為是邀請我們的競爭對手進入市場，並且保證他們永遠不會遇到挑戰。

在我的結論裡，我表達對未來的信心，並且說明了我為何感到如此樂觀。我們最大的強項之一是我們依然在市場上穩坐第二名的寶座，至少就我們擁有的餐廳數量而言是如此。我們每年有超過二億七千五百萬美元的廣告及行銷經費可以運用，這具有重大意義，不過毫無疑問的是，我們最大的強項是擁有國人最愛的華堡。我提醒加盟主，這兩項資產應該要善加運用。藉由在餐廳營運及行銷方面恢復我們的競爭地位，我們能將漢堡王在大眾心中定位成最愛的用餐地點，而這很快就能帶來更多的銷售額及獲利。

我從加盟主的反應看得出來，他們同意我對關鍵問題的評估。我以清楚明確的措辭把它說出來，傳達一個訊息給管理階層，表示他們應該著手開始處理這些問題。看他們如何回應這項挑戰，應該會很有趣。

坦帕會議的加盟主似乎很高興見到我對公司的事務採取更主動的參與。儘管我不斷提出關於公司管理方式的挑戰及批評，貝瑞．吉柏森和當時的營運長吉姆．亞當森仍持續鼓勵我多參與。幾個月前，我應公司的要求，前往葡萄牙在一場來自歐洲、中東及非洲的加盟主會議上發表演說；我也在奧蘭多迪士尼世界的一場漢堡王會議上，對數千名加盟主發表簡短的看法。現在，在管理階層的鼓勵下，我能前往美國不同的地區，對加盟主團體以及我們自己的地區、區域及全國餐廳經理人發表演說。管理高層給我的承諾是，我提出的建議會得到適當的關切注意。對我來說，這便足以讓我再次準備幹活了。

吉姆不斷鼓勵我，像我之前那樣坦白真誠地與加盟主及餐廳經理人懇談。亞當森的立場似乎是，他準備要做出任何改變，讓公司恢復較高的營業額及獲利能力，而且他邀請我，在我的時間許可內，盡可能主動參與這段過程。我心想，這傢伙對自己信心十足，假如他有任何一點自我意識，他不會讓它妨礙做出好決定。我在想就他的立場，有多少執行長會邀請一位創辦人及公司的前執行長回來，和他在重整企業的過程中並肩合作。

吉姆力勸我在五月末前往多倫多，在美國加盟主協會的另一場成員聚會上發表演說。我告訴他我樂於這麼做，不過也再次警告他，我會繼續批評公司處理某些事物的方式。他說他明白這點，也期待我這麼做。

我在多倫多獲得溫暖的歡迎，而且我的訊息基本上和我在三個月前於坦帕傳達的相同。對於參加這場會議的管理人員來說，加盟主和我顯然觀點一致。他們知道我的看法觸及問題核心。

吉姆．亞當森和他的高層管理團隊成員也在多倫多發表談話，我很高興聽到他們的演說，表示他們開始察覺過去的問題和錯誤。我認為這非常療癒人心，可以聽到管理階層在規劃未來，以及針對重新找回餐廳銷售而打造策略時，能如此公開並坦白地談到過去的錯誤。

在討論可能的解決方案時，管理階層提出他們實施超值菜單的最初想法，就我的判斷看來，這是最重要的第一步。我認為他們的最初提案在超值部分有點弱，不過這代表了好的開始，而且我開始覺得吉姆．亞當森或許是讓漢堡王重回軌道的正確人選。我喜歡他的決斷、坦率，以及直言不諱的方式來和加盟主談話。他顯然認真想要解決我們談到的問題。

離開多倫多之後，我在芝加哥和南西會面，她去那裡看她的母親。我們從芝加哥飛回丹佛，然後回到我們在懷俄明州老巴迪俱樂部的家。漢堡王最近取消了在秋天於舊金山舉辦的全國會議，我原本應管理階層要求，打算在會議上發表演講。預期出席的是加盟主社群的四千多位成員及參與者。對於期待有機會齊聚一堂，聽取一些鼓舞人心的消息的加盟主來說，取消這場會議令人失望萬分。

美國加盟主協會得知取消的消息後，決定在十月自行舉辦會議，並且邀請我出席，擔任專題演講者。我接受這個邀請，而且我在夏天偶爾前往邁阿密的旅程之中，花了不少時間和加盟主及管理階層談論目前的狀況。是該修補事業的時候了，對我來說重要的是更準確了解市場上的狀況。我想協助聯合管理階層和加盟主，希望藉由建立溝通的橋梁，雙方能對彼此培養出信心。情勢依然緊繃，在這個充滿敵意的環境中，許多尚未解決的議題依然存在，我希望我在美國加盟主協會的演說能幫助療癒某些傷口，協助這個復原的過程。當加盟主看到證據顯示生意有起色時，這個過程便會開始發生。

一九九三年十月，我在美國加盟主協會會議的演說大獲好評，我又獲得加盟主給我的溫馨回應，我最近的參與及可見度似乎鼓勵了他們。我提出我在坦帕及多倫多時傳達的相同看法，不過我更著重在價值議題，強調正面對抗競爭的重要性，並且建議應該使用華堡當作傳達價值訊息的工具。假如我們能回歸到已被忽略了一段時間的基本原則上的話，我對生意的發展相當樂觀。我們需要先強調品質、速度、簡單、整潔及顧客服務等重要議題，然後才能期待顧客回流。

我覺得我的訊息特別療癒的部分是，我依然對管理階層反覆提及他們過去的錯誤、不適當以及無能的領導力。吉姆和他的高層管理團隊成員也在觀眾席上，聆聽我述說有哪裡出了錯，以及有什麼地方需要修補。我警告過吉姆，我會持續「朝他射魚叉」，表明漢堡王有很多要做的事，然後才能讓系統重回軌道。我萬分欽佩及敬重一個如此樂意接受挑戰，以便讓一個近年來受了許多苦的企業回復活力。

吉姆本人對加盟主的談話也大獲好評。他和他的管理團隊最近推出一份超值取向的菜單，在當時似乎產生不錯的成果。他表明事實，說他知道菜單簡單化及產品改進的重要性，並且說他期待在不久的未來能引進這種創新作法。他徹底檢視廣告及行銷情況，也坦率地表示他會支持加盟主的哪些要求，以及會拒絕的部分。他的誠實及直率為他贏得高度的敬意。雙方似乎達到共識，而共同的信心似乎正在恢復中。

在舊金山的會議之後，我收到地區加盟主協會的大量邀請，要我到他們的會議演講，那些通常是以餐廳管理者訓練會議的型態舉辦。我打算在我的時間表能容許的範圍內，盡可能接受這些邀請，因為我相信我的出席和看法，能對重振這套系統做出重要的貢獻。我有種強烈的感覺，和這些經理人談話是我對於改善我們的企業所能做的最重要貢獻。這些經理人有責任確保在餐廳內，我們的顧客受到歡迎，並且受到適當態度的服務。每一位經理人有機會在每家漢堡王餐廳影響五十名以上的員工，這表示我在那場會議上的訊息能影響二萬名員工，而這些員工每一位都能協助讓顧客的每一次造訪更加滿意。

到了一九九三年秋初，漢堡王管理團隊致力於許多看起來大有可為的策略，雖然其中有許多依然非常需要精進改善。吉姆和我越來越常聚在一起，在改善生意方面穩健地交換想法。我們的重大溝通企劃之一是就目前相關的各式主題，一次發送影片訊息給我們的一千五百名加盟主和管理人員。這些半小時的影片內容是吉姆和我就營運及行銷議題交換看法及觀察。我們的討論直接又具挑戰性，有時激烈，不過傳達的訊息是我們是一支有效率的團隊，正在策劃一套計畫來讓生意回到以前的水準。

金融及商業媒體看到了吉姆．亞當森為漢堡王施行的轉換魔法。《商業週刊》雜誌刊載一篇報導，提到目前的轉變，並且聚焦在我變得更加投入公司。《佛州趨勢》雜誌做了一篇有趣的報導，把吉姆和我的照片刊登在封面上，圖說為「漢堡王回歸基本面，聽取老教授意見」。《廣告年代》及《品牌週刊》刊載了類似的報導，列舉我們的改變及新方向。漢堡王醒來了，大家開始注意到依然存在於這個沉睡巨人裡頭的龐大潛力。

⊙吉姆的行銷觀點

一九九〇年代初期是漢堡王的動盪時期。公司面臨銷售業績和顧客人數不斷下滑，而且不斷更換執行長，也無法舒緩管理階層和加盟主之間的緊繃關係。然而，吉姆．亞當森上任執行長之際，是漢堡王的轉變時刻。他的「回歸基本面」活動，成為連續六年業績長紅的催化劑，平均餐廳銷售大幅成長，也從麥當勞手上搶回了市佔率。但是如果沒有吉姆．麥克拉摩在高層及加盟主之間扮演外交官的角色，我不確定漢堡王有辦法走上正確的軌道。

大約是這時候，在扮演了各種行銷及營運角色九年之後，我被要求帶領美國行銷團隊。當時我把大部分的時間都花在直接和加盟主合作，我有信心我和任何人一樣了解這個產業和加盟主。但是你在前線而不必負責決策和行銷是一回事，要在暴風眼之中扮演領航員就完全不同了。每天都是一個全新的挑戰，尤其是和加盟主有關的事更是如此。

吉姆．麥克拉摩經常出席地區及全國性的加盟主會議，提供直率的企業評估以及讓漢堡王重回軌道的建議。這是我第一次和吉姆正式會面。儘管在我們第一次交談時，我非常緊張，我很快就明白我們在策略行銷及加盟主關係方面，意見有多麼相似，和他直接合作變得非常容易。吉姆會前往國內各地和加盟主碰面，然後打電話向我彙報。無論是好是壞，他的回饋都非常直截了當。他總是公事公辦，從來不帶個人情緒。

我開始邀請吉姆來漢堡王辦公室參加會議，檢視我們行銷策略的重要元素。我的用意不只是要徵求回饋，也是要請他幫忙向加盟主提倡全新行銷企劃。當我們進行完整的菜單檢修，對於是否能有效實施這些企劃來說，加盟主的同意非常重要。經過多年的銷售及利潤下滑，許多改變對加盟主而言極具挑戰性又昂貴：我們想投資在產品品質改良、商定全國超值餐點價格點、減少菜單品項，並且推出全新廣告活動。然而，吉姆對這些企劃的投入及支持有莫大的助益。加盟主信任他的判斷，假如他相信這些劇烈的改變會帶來好的結果，他們也樂意支持。就個人來說，吉姆的指引讓我成為一個更有自信的領導人，也在溝通及關係建立方面教給我許多寶貴的課程。回歸基本面的活動需要吉姆的支持，才能為公司帶來新生命。

對吉姆而言，華堡將漢堡王從餐廳轉變成品牌。火烤、更大又更好的漢堡，依「你的方式」製作，再搭配薯條和可樂。這是漢堡王的核心和靈魂。在九〇年代初期，吉姆把大部分的時間都花在說服管理階層及加盟主，堅守品牌本色最終會帶來成果。

吉姆對加盟主社群一樣懷抱熱情。他和加盟主攜手合作，打造整個漢堡王系統，因此他明白他們對品牌的成功有多麼重要。事實上，他把他們當成顧客：假如公司善待加盟主，他們就會照顧好自己的顧客。看到加盟主和加盟授權者出現如此破裂又緊繃的關係，他感到痛苦，因此他不斷致力讓雙方能更有效率地攜手合作。透過這個修補橋梁的過程，吉姆教會我當一個更好的聆聽者，並且不要害怕接受加盟主的看法。

在吉姆的協助之下，加盟主關係改善了，也顯示出成果。到了一九九九年，漢堡王連續六年銷售額都成長，快餐餐廳漢堡項目的流量百分比增加（從一九九三年的百分之十七點二增加到二十一點九），系統銷售額也不斷成長（從一九九三年的五十六億增加到八十五億美元）。

我在漢堡王的時期改造了我，讓我在日後職涯中成為更好的領導人，而其中有許多經驗和技能，我都是從吉姆身上學得的。他對這個品牌及人們的堅定奉獻，讓我看到這兩種成分對整體成功有多麼重要。

——保羅．克萊頓（Paul Clayton），漢堡王總裁

一九八四－一九九三年：各種行銷及營運職位

一九九三－一九九四年：美國行銷部副總裁

一九九四－一九九七年：世界行銷部資深副總裁

一九九七－二〇〇〇年：北美洲總裁

第二十六章

下一步？

一九九四年開始，漢堡王餐廳銷售以快速的步調成長。超值餐已推出，廣受顧客好評。有將近百分之二十五的餐廳都推出九十九美分的華堡，帶來了兩位數的銷售額增加以及改善的獲利能力。在提供這項企劃的餐廳，平均顧客流量超出百分之二十以上，而且因為如此，我們的市佔率開始提升。這不是單獨挑出販售九十九美分華堡的餐廳為漢堡王系統唯一的成功故事。其他的餐廳全都採用各種超值餐主題，它們似乎也享受到豐碩的成果。修復的過程開始了，顧客流量大幅增加，樂觀的氛圍開始充斥在空氣中。比起多年前，未來開始顯得充滿希望。我很開心能盡一己之力帶來這種結果，更高興的是吉姆．亞當森請我繼續保持參與。公司和加盟主開始享受多年來重新開始及繁榮的新滋味，而我能成為其中的一分子，感覺很有趣。

不過要做的還有很多。行銷問題依然大多未解，不過當保羅．克萊頓獲選為行銷長而出手時，事情開始變得有顯著的進步。上任之後，他主導尋找新廣告公司的行動，搜尋結果出爐，D'arcy Masius Benton & Bowles獲選為處理媒體規劃及購買的代理公司。Ammirati Puris，一家小規模但創新的公司則獲選為處理創意部分。我花了幾天的時間待在紐約，和漢堡王管理階層及參加行銷顧問委員會的加盟主，一起參與這場推選過程。我們近年來的廣告失去了許多影響力及焦點，並且產生寥寥無幾的成果。在我看來很顯然的是，我們不只需要聰明的新廣告，以及恢復生氣又創新的全新行銷手法，更要提升我們餐廳服務的品質。我們以每年超過兩億美元的廣告經費，徹底實施及推動這些要素，營業額大幅增加就是指日可待的事了。當全新充電的漢堡王公司進入了一九九四年中期時，這是管理階層和加盟主所感受到的一部分興奮及期待。

一個鮮明的全新行銷策略能帶給我們衝勁，不過還有個棘手問題，就是處理許多達不到可接受營運標準的餐廳。這件事需要更多的關注。

在全國成人追蹤研究中，當漢堡王和溫娣漢堡及麥當勞相比時，我們在「令人愉悅的地方」、提供「超值餐點」、「一致性」、「整潔度」及「外觀」部分都排名第三。對我們的餐廳營運來說，這是一份帶來警訊的報告。假如我們不能實現廣告所做的承諾，推出有利的廣告活動又有什麼意義？在我發表演說的所有會議中，我設法明白指出修正這些缺點的急迫性。我們知道發生了什麼事，消費者的態度就在眼前，大家都能清楚看見，但是直到目前為止，我們遲遲未做出回應。

同樣這段時期，管理階層試圖在我們的產品線引進許多有希望的改進。我向來擔心我們的小漢堡尺寸。它的重量是一點八盎司，而我們對手的則是一點六盎司，這一來有兩個地方不對勁。首先，我們不會因為「大了一丁點」而得到讚許，根本不會有人注意到這點；其次，就消費者來說，我們的售價較高，但沒有獲得等值的額外收穫。我認為管理階層對這個情況的回應著重在金錢部分。他們決定推出二點八盎司的產品，取代我們用在一般漢堡、起司漢堡及小華堡的一點八盎司肉餅。他們使用兩份明顯較大的牛肉餅，推出全新的「超大雙層起司堡」，掀起一場小風潮。即便對手能挑戰我們的價格，我們相信消費者會基於品質而購買。這不再是打造漢堡速食企業的十五美分漢堡，而是好漢堡打敗普通漢堡的問題。價格不重要。我們的廣告不久後就能傳達一個訊息，就是我們的普通漢堡比對手的大上百分之七十五。他們以小漢堡打造企業，而這會帶給他們另一項重大的挑戰。我們會再度在主要競爭對手和我們之間拉出差距。自從一九七三年，我們告訴全世界「我選我味」之後，我們就不曾這麼做了。

就服務的方面來看，還有很多要做的，更別提在餐廳部分的員工訓練及營運支持了。我們有許多餐廳都非常需要實體升級及再投資，這些缺點有大部分都是由於近幾年來，加盟主沒有能力產生足夠的現金流。我們的公司營運餐廳陷入絕望的境地，因為管理階層不願適當地再投資生意。一個改良的行銷方式絕對會有幫助，不過公司的第一步需要加強餐廳營運的品質。假如我們無法讓大眾覺得我們餐廳的環境絕佳、營運良好、就算是最佳行銷企劃都會大打折扣。我一直和管理高層強調這點的重要性，而我很高興在這方面看到這麼多的進展。

時序邁入一九九四年秋天，我們在重建事業方面有了好的開始，而且很明顯的是，在銷售額及獲利能力方面，我們擁有一些足以倚賴的強大力量。第一個因素是華堡本身，它毫無疑問是全美最受歡迎的漢堡。消費者態度調查清楚顯示，華堡受喜愛的程度是我們對手提供的其他任何漢堡的兩倍。我們以火烤及「我選我味」建立起名聲，這些都是非常重要的顧客形象。根據全國成人追蹤研究，消費者在這兩部分都給了我們高分。

第二個因素是我們在市場上有強大的實體據點。我們有七千家營運餐廳，其中大部分都位在全國各地的主要商業區。有了這麼龐大的規模、絕佳地點，以及全國性規模的強大形象，我們享有非凡的市場優勢。

第三個因素是漢堡王系統承諾至少將百分之四的營業額花費在推廣生意上。到了一九九四年，我們計畫的年度行銷預算高達二億七千五百萬美元，其中有兩億是打算全花在廣告上頭。有了如此強大的優勢，以及管理階層承諾要改善餐廳營運及顧客服務，我們能期待大量提升餐廳營業額。剩下的唯一問題是，漢堡王管理階層及我們的加盟主能夠多順利執行這項策略。加盟主的全力支持對我們的成功來說非常重要。吉姆．亞當森在這個時刻的主要挑戰是完整統合，讓這個新策略能行得通。我有信心，他有能力辦到這件事。

這一切都發生在一九九四年，當時的漢堡王才剛走出蕭條時期。這和競爭白熱化的餐廳市場狀況正好相反。許多公司經歷了營業額下滑、大量的成本壓力，以及收益驟減的慘況。越來越多的證據顯示，餐廳供應已經超過對這些服務的需求了。金融分析師、餐廳業者及連鎖公司主管紛紛使用「飽和」這個字眼，並且越來越擔心。

在這個時候，我並不擔心漢堡王在這個競爭賽場上的成長及茁壯能力。我們做了一些聰明的改變，而且從快速擴張的顧客群得到了高評價。我毫不懷疑我們走在正確的道路上，而且準備好要接受未來的挑戰。我期待看到來自我們主要競爭對手持續增加的價格折扣，每個人都在這個越來越擁擠的市場搶食大餅。參賽者自然會回歸到他們最初的根本，也就是以市場上最低的可能成本來送上好食物。

至於未來，我在國內餐飲服務產業將持續運作的方式，看不到太多基本改變。美國人將不會背離他們對高品質食物、乾淨的餐廳、有效率及禮貌的服務，還有「價值」的要求。「價值」是我用來形容各種商品供給的字眼。價值絕對讓人想到價格，但是它代表的意義不只於此。消費者會繼續鼓勵低價格與高經濟價值的傳遞者，但是他們期待的不只如此，除了價格之外還要求各式服務及個人關注。快速又殷勤的服務只是一個例子。這些非常簡單卻基本的議題，永遠是成功的企業奠基及未來持續成長的基礎。有些事永遠不會變。

未來餐廳營運成功的另一項重要關鍵，是餐飲業者在面對不斷改變的消費者口味及要求時的調適能力。近年來，消費者注重營養及健康議題，這對國內餐廳的菜單變化造成重大的衝擊。對牛肉的偏好逐漸輸給了雞肉、魚肉及其他含脂量較低的品項，油炸食物也越來越不受歡迎了。消費者和政府機關要求雜貨店販售給消費者的商品包裝上，要有營養標示，而這將徹底改變餐廳的銷售方式。消費者想知道他們吃的食物裡，有多少脂肪、蛋白質、膽固醇、維生素、礦物質、碳水化合物、鈉，以及卡路里含量。人們意識到自己的體重及體能，以及他們吃的食物如何影響個人健康。這些和其他相關事宜對消費者來說變得更加重要，餐廳要不是認清它們的意義而加以改變與調整，不然就會成為多變市場上的受害者。

在一九四〇年代，當我開始涉足餐飲業時，我無法想像在公共場合抽菸有天會是違法的；我無法預期消費者會對於我們吃的東西發展出如此迥異的態度。像是這些改變，再加上大眾越來越注重體能、健康照護和營養議題，全都造成美國人延長了預期壽命。我們應該期待這些議題在未來會有更鮮明的焦點，國內餐廳會需要提供善變的顧客所要求的各項服務，以便解決這些問題。

這不禁令人思索，未來的餐廳，尤其是由大型連鎖企業，會如何回應多變的消費者要求。在市場上最顯著的變化，將會發生在美國人民的人口統計數據之中。隨著嬰兒潮消退，年長者活得更久，消費者概況、態度及喜好都會有顯著的變化。年長者所佔的百分比增加，而青少年及十八到二十四歲的年輕人則減少。這在消費者要求及國內餐廳的未來風格上，意義重大。

速食餐廳應該要為了引發美國外食的激增而獲得讚許。嬰兒潮世代是在漢堡、熱狗、炸雞、披薩和塔可餅的滋養下長大的。當他們達到了持續增加的成熟度及經濟狀態，他們會繼續享用速食，不過他們也會在餐飲體驗方面要求升級。這種要求及喜好的轉變已經造成許多休閒餐飲及主題餐廳的出現，並且都很成功。在這個領域的領導者包括有星期五餐廳（TGI Friday's）、奇利斯（Chili's）、蘋果蜜蜂（AppleBee's）、長角與內陸（Longhorn and Outback）牛排館、橄欖花園（Olive Garden）、紅龍蝦（Red Lobster）、查特之家和許多其他餐廳。快速改變的餐飲市場讓許多創新的小餐館和這些大型多店連鎖餐廳一樣，都有可能成功。消費者歡迎改變，而且在選擇用餐體驗時，傾向於鼓勵創新及獨特的表現。這威脅到那些龐大的連鎖餐廳，它們提供的是相同及高度可預期的一致性。餐廳顧客會一直尋找超越這樣的體驗，他們在尋找時也樂意嘗試。這些連鎖餐廳，包括漢堡王在內，在面對更挑剔且要求更高的顧客，提供能吸引及滿足他們的氛圍、高品質食物和服務時，將會持續遇到挑戰。

我相信速食連鎖餐廳的真正挑戰，會是在於滿足快速成長的銀髮族階層的需求。我會把這群人當作最有希望的目標。年長者比較願意接受他們熟悉的服務風格，方式也比較固定，他們沒那麼有興趣像年輕人一樣去尋找全新的創新概念。因此，我傾向於認為大型連鎖餐廳會配合年長族群的需求及喜好。這並不是說連鎖餐廳不會將目標放在小孩、家庭及年輕人身上。他們可能會覺得要構想有效方式來滿足較年輕世代的喜好，感覺很受挫，不過這個市場太大也太重要，不容忽視。

我相信漢堡王公司的管理階層及加盟主都有無限的機會。國內的機會持續增加，國際市場也有龐大的成長潛力。美國的餐廳營運專業技術超前太多了，國外的人歡迎美國餐飲業的創新，而且他們會繼續這麼做。無可否認的是，國外市場難懂又複雜，然而它們提供了致富的機會。

就美國市場來說，我真心懷疑許多全新的多店餐廳連鎖企業會成功發展出規模完整的全國據點。強大的地區及地方連鎖會展現激烈的競爭力，已經存在的全國連鎖企業也是。大家千萬別忘了，大部分的主要市場都已經呈現飽和。而且要克服財務、行銷以及經營上的風險。漢堡王因為規模龐大、市佔率又高，所以在國內市場還有成長的空間。這種優勢，應該繼續保持下去，才能繼續立於不敗之地。

近年來，漢堡王管理階層「回到基本面」，它再次強調這個企業原本的創業原則。在本質上，這些基本面包括了快速、殷勤的服務、簡單又易懂的菜單、整潔的餐廳、低廉又負擔得起的價格，以及高品質的餐點。我們有一陣子並未恪守部分原則，不過我們當然回歸本位，而且結果顯示基本原則依然非常有效。現在所需要的是適當執行，將企業提升到更成功的境界。戴夫·伊格頓和我在一九五〇年代的願景成真了。一開始，我們有機會便著手打造成功的連鎖餐廳，而且我們嘗試完成的方式是找許多成為加盟主的人來幫忙及支持。我們的願景有部分是結合我們的資源，設法在我們進入的每個市場中建立品牌意識。這種方式的結果是公司有了驚人成長。我經常被問及，我們是否曾想像會得到如此巨大的成功。快速又簡單的回答是，這超乎了多年前所能想像到的一切。我們要感謝的人有好多，他們在實現這一切的過程中扮演了如此重要的角色。漢堡王的故事已經超過四十年了，不過這才是開始，因為機會仍依然不斷在眼前展開。

漢堡王有幸能打下結實的基礎，而且在顧客強烈接受及認可我們的經營方式之下，基礎更加穩固了。在持續變化的市場上，漢堡王的管理階層會面臨強化這個基礎的挑戰。我在餐飲服務及接待領域擁有超過五十年的經驗，這段期間，我看過許多公司達到成功的巔峰，卻因為沒有能力辨識並處理改變而落得失敗的下場。

漢堡王在過去曾走到做重大策略的十字路口，公司也在決定方向的部分犯了不少錯。這些企業判斷的偶爾失誤趕走了機會，威脅企業生存。

儘管公司在未來景氣循環的任何一個時間點，或許依然強大，要假設它能撐過無能的管理或決策，無法滿足餐廳顧客的需求及喜好，將會是一個天大的錯誤。

我從我的商業經驗中學到，很少有管理人真正知道如何聆聽。我向來自認是個好的聆聽者，而且我相信領導人想要做出成效，必須擁有這樣的特質。對於處於領導地位卻無法控制自我意識的人，我沒有多少耐性。自我意識太過強烈的人或許能爬上管理階層一陣子，不過最終他們的表現會由於不肯傾聽別人的意見而大打折扣。自我意識就像耳塞，而我親眼看過太多狀況是讓自我意識干擾了好的決策執行。

吉姆．亞當森擁有擔任領導人及執行長罕見又獨特的特質。他不只請教他人意見，更聆聽別人的說法。他讓自己身邊圍繞著聰明又有知識的人，能提供寶貴的建議及洞察力。我很佩服他總是樂於承認自己並非無所不知。他樂於向他自己的管理團隊及整個加盟主社群承認這點。

吉姆成為執行長不久後，他邀請我和他在椰林附近的大灣飯店共進早餐。我在一九九三年二月於坦帕對加盟主的演講，讓他在兩方面留下深刻的印象。第一是加盟主似乎非常高興我再度關切公司的事務；第二點以及更重要的是，他們覺得我說的話點出了公司的問題。我說出了我認為公司出錯的地方，而與會的加盟主似乎很高興，終於有人注意到了。我嚴厲批評公司過去處理事情的方式。一般來說，這種批評會令執行長感到不悅。我把我的個人觀察放在檯面上，不假思索地說出了許多問題，而這些問題導致員工對這個系統失去信心，而加盟主也感到洩氣。這些事需要有人說出口，而吉姆非常聰明，他體認到這項討論能幫助帶來他所期待的恢復過程。

由於我的獨特地位，我擔任發言人有一項特別的好處。我不是管理階層的成員，不過加盟主似乎能體會，由於我的背景經驗及長久以來對這一行的興趣，我知道哪些可行、哪些則否。我不偏不倚，非常客觀獨立，無論對管理階層或加盟主都沒有關係或義務。我能自由地說出我想說的話，而管理階層及加盟主都樂於聆聽。

或許在當時已然存在的洩氣氛圍之下，許多加盟主卸下了他們的重擔。我能在這方面向他們提出異議，而且不會有人怪罪我，因為這是就我的立場提出誠實且公正的關切表述。在這個基礎下，他們樂於接受，我也能同時提及加盟主本身需要加強的所有部分。我能這麼做，並且斥責管理階層缺乏有效的領導力，但是我卻不會因此而有所得失，也依然具有公信力。我能完全誠實並直截了當地說出我相信的問題所在，以及我認為需要立刻修補的地方。

在當時，吉姆．亞當森是四十五歲的執行長，先前沒有任何餐飲業的經驗。他對任何人都毫不隱瞞這點，他知道雖然他不是餐飲業者，但他是「好得要命的零售業者」。他的坦白告訴了我這是一個什麼樣的人，而且那種誠實及坦率的程度深受我們的加盟主認同。

首先，吉姆知道漢堡王面對的基本問題是行銷我們的食物及餐廳服務。他顯然明白建立品牌意識的重要性，這個關鍵因素對於讓企業恢復健全以及獲利能力來說，非常的重要。其次，我忍不住佩服這名男子的自我意識不曾妨礙他獲取最佳的建議。他很快便認清，確保我們的顧客得到最棒的餐廳服務極具重要性，他會在公司找出能實踐這項重要承諾的人；同時，他也會專注於建立品牌。

在我們的早餐會議上，吉姆請我更積極參與公司事務。我對此感到佩服，尤其是我不斷喚起大家注意到管理階層先前缺乏領導力的部分。我把這當成是莫大的讚美，接受了他的邀請，而且我告訴他，我會盡力協助。然而，我警告他，在他徹底解決系統的缺失之前，我會不斷對他和他的管理團隊提出異議，修正問題。這項共識形成合作關係的基礎，讓我相當滿意。我不曾制定過漢堡王的新策略方向，這份功勞屬於亞當森和他的管理團隊。我扮演的角色是提醒我們遭遇的問題，我只是建議許多需要完成的事，以便修正這些問題。

在我的商場職涯中曾犯過許多錯誤，其中有許多是發生在我擔任公司執行長的一九五〇到一九七〇年代初期。有時候我認為我能安然度過這一切，簡直是奇蹟。我經常回顧一九四九到一九五一年的那段期間，以及我的最初兩家餐廳開業。判斷錯誤迫使我設法處理許多令人失望的狀況，有好幾次讓我瀕臨失敗及個人破產的邊緣。或許從挫敗之中，得到的唯一好處是認清逆境教人獲益良多。我在打造事業的路上學到了很多嚴厲的教訓，路上的每次顛簸都是一次學習的經驗，幫助我準備面對下一個挑戰。當我陷入困境，承受著把對我來說意義重大的事業搞得一團糟的羞辱時，我學到如何聆聽，以及深思如何邁向更好的未來。我想我給年輕人的建議肯定會包含不要害怕犯錯。

吉姆．亞當森最吸引我的是他研究過往錯誤的聰明方法、樂於傾聽給他建議的人發言，以及有能力為公司的未來彙整並規劃合理且適當的新策略方向。

這並不是說我認為公司在一九九四年已經穩操勝算了。在吉姆的領導下，銷售及獲利能力復甦了，這點無庸置疑，不過路上還有其他的障礙。漢堡王依然必須消弭美國加盟主協會及加盟主的顧慮，他們還是不相信他們的利益受到足夠的關切。全國及各州提議加盟立法及規範，對於加盟主及加盟授權者之間成效斐然的共同商業關係之延續，形成了威脅。我對加盟主的建議是，盡一切可能避免邀請政府參與。這裡面有複雜的組織議題要處理，其中有很多是企業再造的結果，這和人員縮減及工作職責重新編制有關。這是漢堡王必須經歷的痛苦又艱難的過程，而且還有許多部份待修復。擴展到許多國際市場的錯綜複雜事務在結構、控制及營運方面，都引發了更多有挑戰性的問題。機會龐大，不過風險亦然。

到了一九九四年，惡兆出現了，暗示著餐飲業變得過度飽和。雖然佔有大部分市場的連鎖餐廳依然不斷展店，它們也被迫在一個不再像往日那般快速擴展的市場上，搶食更多大餅。連鎖餐廳的激增成長得比市場還要快速，這一來的結局是料想得到的。商業媒體開始充斥著傷亡的報導。到了一九九四年，這個產業進入了「價值十年」，折扣當道。這一切都造成壓縮利潤，在獲利方面形成壓力。在許多案例中，資本報酬率無法符合金融社群的期待，而這只是讓情況加劇。多年來，華爾街有充分的理由將餐飲業視為充滿希望及機會的領域，在餐飲業有許多極為成功的例子。

然而，當飽和及折扣的狀況開始惡化，許多事情開始浮現了。管理及人員縮減可想而知會導致餐廳營運品質降低。顧客開始體驗到差勁的服務，並且抱怨連連。餐廳經常不如應有的整潔，不同的管理階層經常在絕望之餘開始縮短營業時間，以便把焦點放在更多現金流及更少的營運上。他們開始忽略顧客的餐廳經驗的重要性。我的預測是景氣消退可能即將到來。這個產業有許多槓桿收購及構想不佳的融資計畫，這些過度舉債的情況之中，有許多最終都被迫尋求破產的保護，以便繼續生存下去。

尤其是在一九九四年，最佳管理的排名改變，令人失望的收益消息經常出現在商業媒體上。投資者開始以更審慎的態度及更敏銳的投資方法來看待餐飲業。競爭持續加劇，最強的競爭者開始打敗弱者。牛排館、披薩店、三明治店、休閒主題餐廳、咖啡店、自助餐廳、炸雞店、雙車道得來速餐廳，以及許多速食漢堡店都遇上了大麻煩。顧客開始受到優惠及折價的轟炸，造成了崩壞以及淨利率降低。越來越常出現的情況是，最適合的倖存者會掌控這些局勢的規則。在一個已經十分擁擠及高度競爭的領域裡，有這麼多無經驗又資金不足的參與者，一些較弱的競爭者就會半途退出。你幾乎能確定還會有更多這樣的事發生。

一九九四年是一個轉捩點，好的管理、健全的餐廳及行銷營運，以及足夠的資本額出現了，為一個在太多案例之中都過度擴展極限的產業，帶來一些姍姍來遲的合理狀態。當我們來到了一九九五年，這是餐飲業的普遍經濟狀況。就漢堡王而言，我保持參與，至少是在我能以有建設性的方式，對公司的利益有所貢獻的程度。不過真正的領導責任依然落在較年輕的管理團隊身上。我沒有興趣重新回到日常管理的積極角色，但是我非常樂意在需要的時候，提供諮商及建議。

第二十七章

回顧

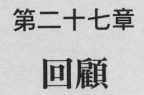

我的餐飲事業生涯持續了五十年，從我十七歲那年搭便車到康乃爾開始。當時的我身無分文，只帶著大學的入學許可便上路了。現在年近七十的我不斷被提醒，大部分的人在這時候已經退休了。幸好我暫時還不屬於那個範圍，而且我很高興能這麼說。我不知道人生會帶我走上哪條路，但是我享受走在路上的過程，我忙於做許多事情，也從中獲得激勵。我覺得我彷彿對社會及周遭的世界有所貢獻。我擁有美好的家庭、許多珍貴的朋友，娶了一個非常特別的女子，身體健康、心智運作正常。就心理狀態而言，我認為我依然十分健全。為了這所有的一切，我覺得幸運又滿懷感激。我的人生十分善待我。

在我的專業人生和事業之中，有絕大部分都受到我參與漢堡王企業的主導及影響。我很榮幸也很開心能扮演一個角色，讓公司提升到全世界第二大連鎖餐廳的這個令人稱羨的位置，這是我多年前從來不曾想像過的事。這種成就令我滿心驕傲與滿足，我願和我的父母及祖父母分享。這本書想說的故事是這一切是如何發生，以及公司如何達到成功巔峰，不過故事本身可能永遠不會寫下最後一個篇章。我期待這段歷史會繼續寫下去，記錄下許多人的驕傲，包括我在內，因為我們都在場並且協助它發生。

後見之明的好處不小。在我快要過六十八歲生日時，我忙著寫這本書，這時我自問：「假如必須重來一遍，我會採取不同的作法嗎？」我認為答案可分成兩部分，事業及個人。

首先，當戴夫和我掌控漢堡王命運的那十三年期間，我在策劃路線方面會有哪些不同的作法？我會推出小漢堡，售價十五美分，而不是我們一開始販售的十八美分。速食漢堡王系統的創始者認為，比起麥當勞的一點六盎司肉餅，販售兩盎司的肉餅更具行銷優勢，即便我們必須收取較高的價格也是如此。我認為他們在這方面弄錯了。售價十五美分對當時的消費者是一個引人注目的議題，而我們並未完全認清這一點的重要性。我會認真思考要用烤肉架來烤我們的漢堡，而不是以我們採用的烤箱方式，只因為我們可以更熱、更快，或許更美味地送上我們的產品。

我們應該堅持更早一點擺脫速食機器。這些機器顯然是我們在早期遇到的一大生產問題，而我們為了它們變化無常的表現，搏鬥太久了。料理得宜的十五美分漢堡，搭配我們在一九五七年重大推出的三十九美分華堡，這會使得我們在早期能在市場取得較佳的位置。

我會在財務策略及房地產開發方面，尋求不同程度的專業建議；當我們在一九六一年擴張到佛羅里達州外時，我會冒更多的風險。我們應該簽訂更多租約、買下更多房地產，這會使得我們在發展獲利更高及更可行的房地產開發計畫時，和哈利．桑波恩及麥當勞一樣具有優勢。桑波恩出色的房地產融資方案，為麥當勞的成功故事提供了真正的基礎。或許假如我們在公司的這個重要方面，更早尋求更成熟及專業的財務諮詢，我們可以讓漢堡王成為獲利更高的公司。

在麥當勞及肯德基分別於一九六五及一九六六年公開上市後，我應該要更積極尋找投資銀行家，協助我們建立更有效的企業財務政策。我相信我們找布萊斯公司是犯了一個錯誤。我應該質疑他們的說法，認為漢堡王還沒準備好成為上市公司。我們應該要去找更大膽的銀行家，願意冒險並且在這方面提供一些領導能力。當然了，你很容易指責自己，為何在三十年後才明白漢堡王公司若成為上市公司，可能會有超過三十億美元的市值，

要是我們在一九六五或一九六六年公開上市，我們就不太可能會去認真思考貝氏堡公司提出的併購提議。要是我們是一家獨立的上市公司，戴夫、哈維和我可能永遠不會考慮和任何人合併。我們和貝氏堡公司的合併是令人失望的策略決定。漢堡王由於強制削減經費，損失了我們向前的動力。在加盟及房地產開發部分縮減經費的後果是，我們再也無法真正挑戰麥當勞的領導地位；就成長及獲利能力而言，我們更是一敗塗地。

有很多事是我絕不會改變的。首先，我做了一個好的決定，挑選戴夫．伊格頓作為搭檔。戴夫是一個正直、體貼又思慮周到的人，而且他是我的朋友。他努力工作、聰明又有創意，並且全心投入事業。我們是合作無間的團隊。我們很少意見不同，或是有任何衝突。我們享受充滿信賴的個人及事業關係，在打造事業的歲月裡受用無比。戴夫對我們的成長及成功都貢獻良多。

我絕不會背離我們的堅持，要打造一段需要加盟主支持公司廣告企劃的契約關係。這是業界首見的舉動，包含要協助事業成長的嚴格規定。它依然是公司的基本基礎。打造華堡並將其定位為我們的招牌商品，這是我們做過最重要的事，也對我們的成功貢獻最大。就成長及擴張來說，我認為我們盡可能快速進入國內各州是正確的決定。

像我們那樣快速提高國內聲譽，為我們帶來優勢，能有效運用大量媒體及電視廣告，而我

們大部分的競爭對手必須等上好多年，才能達到那種程度的全國知名度。在這種定位之後，快速、有利可圖及大規模的加盟便隨之而來。我們做對了的事還有早期便在我們的有限資源許可下，盡量投入房地產開發。我們應該要做更多，但是我們所做的證實為公司帶來龐大利益。我們決心在良好餐廳營運的四個基本區塊強化品質標準，最後得到好的結果。我們在食物、服務、整潔及禮貌方面的高品質要求毫不妥協，而這四項正是成功的基本要件。最後，我們在保證加盟主成功的方面也做對了。我們努力確保這點，將加盟主的利益放在我們自己的前面，帶領我們走上成功之路。

這是一條崎嶇的道路，充滿了顛簸與坑洞，而且走起來不輕鬆，不過重點是，雖然我們做了很多不是特別完善構想的事，而且經常不是聰明之舉，但是我們在大多數的時候都做出良好的判斷。我們做的事情裡頭，對的多過錯的。漢堡王公司的成功比我更能說明這點。

這帶我來到了問題的第二部分，這和吉姆．麥克拉摩有比較個人的關聯。就我服務公司的部分，我是否會有任何不同的作法？

我在寫這本書時評估自己，對於過去發生在我身上的許多好事都充滿感激。一樁好婚姻、一個好家庭，身體健康、財務自由，而且感覺到我以我認為有用及有建設性的方式來運用我的生命。最後一部分對我來說很重要，只因為我從投入社區服務及慈善活動中得到太多喜悅及滿足。我沒有任何壓力，而且我對我變得如此投入的所有活動著迷不已。

假如漢堡王上市，而不是成為貝氏堡的一部分，今天的我是否會過得一樣自在呢？這很難說，不過我懷疑要是我們公開上市，我對打造及管理公司的衷心承諾，會造成我在公司待得更長久。等到要考慮改變公司高層領導人時，我可能不會是判斷我擔任漢堡王執行長的成效，或是對於卸任做出判斷的最佳人選。

對漢堡王事業及市場有通盤了解，讓我對於我擔任漢堡王執行長的能力感到非常自在又有信心。然而，同樣的自信感受可能導致我相信，我對公司的服務是責無旁貸。假如我待得太久而無法領會這點，那就太不幸了。取得最佳企業成果是有效領導力的真實考驗，假如我在這方面失敗了，我會感到非常失望。

許多問題湧上心頭。我是否夠格經營一家大型上市公司，而假如是的話，我能撐多久？我能吸引及發展哪種組織及有能力的專業管理階層？我授權給其他行政主管的意願呢？工作的額外壓力是否會對我的態度、傾向及領導能力造成負面影響？那麼我的健康呢？這方面會受到多少影響？我每天抽三包菸，這不是確保長壽及健康的好方法。我何時才會懂得要戒菸？還有壓力的因素，我是否能應付得了日漸增加的領導包袱？

有一件事是肯定的。假如漢堡王公司在一九七二年上市，當我在四十六歲那年，我會非常不情願下台。我在那時候卸任並「退休」，是我人生中一個非常重要的決定。我很滿意事情最後的結局，即便我在當時難以接受退休的想法。以後見之明來看，我明白了我在當時的情況下卸任，對我來說是做了一件對的事，儘管我對公司及其未來懷抱熱烈的興趣。至於這在當時對漢堡王是好是壞，我就留給他人去評斷了。

我毫不懷疑，比起受僱於貝氏堡，我擔任上市的漢堡王公司執行長的話，會是更有效率的領導人，主要原因集中在和公司策略方向有關的事務。我會激勵公司的成長，而非扯它的後腿。在我心中毫無疑問的是，在那些重要的時期，我會保證漢堡王成長得更快。然而，我不確定我就任一段更長的時間就能夠讓公司臻於完美。舉例來說，我懷疑我會聰明到聘僱唐・史密斯，他在一段危急時期做了很多，提升公司的動力。我可能會覺得難以放手。我可能會犯下多少錯誤及誤算？我不太想去設想。

我是否會有任何不同的作法？這個問題的底線歸結為此：漢堡王應該保持獨立，直到適合公開上市的時刻，而我可能應該要聰明到看見這點，而且堅持到底。

我顯然不該相信貝氏堡是能幫助我們成長並跟上步調的公司。假如我早知道他們可能會放棄我們的成長策略，我們採取的方向將無庸置疑。我們會等待、保持獨立，希望等到我們有餘裕的時候，再讓公司上市。

現在回首，成為上市公司可能對我們最好。如此一來，我們便有資金來吸引更多加盟主加入，也可以在那段房地產市場的當紅時期中賺取更多利潤。我相信成為獨立公司並搭配企業化管理，我們會成長得更快速，獲利能力也更為提升。我們的管理團隊當然會更加積極主動。

雖然我可能會待在執行長的職位更久，但是很難說到底會多久。當時序進入一九七〇年代，公司達到的規模需要更專業及成熟的管理風格時，創辦人兼企業家的服務便來到了終點。訣竅在於知道這個時候何時到來。

對於從一九七二年起發生在我身上，並且成為我的一部分的所有美好事物，我絕對滿懷感激。我幾乎無法再要求比我接受到的更多了，而且我能安然地讓一切到此為止。

第二十八章

結局

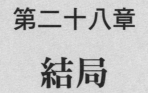

一九九六年三月底，就在這本自傳完成不久後，吉姆發現自己罹癌。短短幾個月之後，在一九九六年八月八日，他與世長辭。他感到寬慰，自己有辦法完成他的「寶貝」，漢堡王的誕生及成長編年史，因為只有他能訴說這個真誠的故事。吉姆最偉大的特質之一是誠實，他不會自以為是地試圖讓事情好看一些。他坦率說出這個故事，而且沒有任何遺漏，不管是好是壞，或是醜陋的內容。他知道他並非事事完美，但是他盡力做到最好。我們任何人都只能這麼做。

一九九六年八月十二日，吉姆的追思會在普利茅斯公理教會舉行，他的摯友及同事分享一些關於他的回憶。在追思會上，他的兒子，惠特．麥克拉摩寫了一篇感人的悼詞，標題是「英雄已逝」。

英雄得來不易，不是每天都有
是由具特色的平凡靈魂鑄造而成
無意當英雄，卻早已命定
眾人仰望他們，猶如看見閃耀的星
我有我的英雄，想必大家也是
當你失去一位，心中悲痛莫名
不知該如何是好
最終你抓住擁有的感受

回顧他們的一生並珍惜
他們留下的影響力
莫忘他們的精神以及如何過一生
切記他們的愛與溫暖
常伴你左右
看哪，英雄得來不易，不是每天都有
當你愛上一位，想哭沒關係，並且
在祈禱時和他們私語

後記

漢堡王麥克拉摩基金會

當你在生命中帶來重大影響，打造一個創新品牌，留給世人的這份遺愛將會長久流傳。對詹姆士．麥克拉摩來說，在他離世後二十多年，這依然真實無誤。麥克拉摩先生具有遠見，打造速食餐廳業界的世界領導品牌，將一生奉獻給漢堡王以及他的社群，賦予個人力量，並且透過教育啟發他們的潛力。

詹姆士．麥克拉摩熱愛慈善事業及服務，把時間花在改變速食產業的人，以及對教育懷抱熱忱者。他的影響力不只侷限在漢堡王餐廳，他也投身董事會事務，並且在一九七五到一九七六年時，擔任美國餐廳協會董事長。

麥克拉摩先生在擔任美國餐廳協會董事長的時期，會代表業界在華府進行遊說。他在邁阿密大學擔任董事會主席十年，協助籌募超過五億一千七百五十萬美元。由於他致力支持他的家鄉佛羅里達州克拉蓋柏茲的教育，一九九〇年，邁阿密大學頒發給麥克拉摩先生榮譽博士學位。

詹姆士．麥克拉摩毫不懈怠地致力為周遭的人帶來更好的生活，因此為世人留下遺愛，並且讓他為教育的貢獻長存。

由於他相信教育的力量及它在成功的未來所扮演的角色，麥克拉摩先生過世不久後，漢堡王公司及一群加盟主成立了漢堡王麥克拉摩基金會來紀念他。二〇〇〇年，這個基金會成立漢堡王獎學金計畫，由加盟主資助，提供獎學金給當地社區學生及員工等。除了資助獎學金，加盟主和基金會也透過麥克拉摩先生的另一項喜好——高爾夫球來紀念他。

吉姆・麥克拉摩高爾夫邀請賽成立於二〇〇二年，目的是作為傳承，讓漢堡王獎學金計畫至今發出了超過二百四十萬美元的獎學金，並且持續幫助學生在展開大學生涯時能順利成功。

少了教育，人能發揮的潛力有限。為了讓值得贊助的學生獲得教育，並且紀念麥克拉摩先生的遺愛，漢堡王獎學金計畫已經發出三百五十萬美元的獎學金，給在美國、波多黎各及加拿大的三萬三千多名值得贊助的學生。

二〇一一年，麥克拉摩家族基金會提出每年贊助十五萬美元，成立詹姆士・麥克拉摩華堡獎學金，讓漢堡王獎學金計畫更添新榮耀。我們要打造光明未來的任務變得更壯大了。這個獎學金容許並持續讓漢堡王麥克拉摩基金會能獎勵北美洲的三位頂尖學生，因為他們真正體現了詹姆士・麥克拉摩相信的原則。每位學生能獲得四年五萬美元的獎學金，去念他們自選的大學。

二〇一二年，漢堡王麥克拉摩基金會全球擴展，把他們的協助帶給那些沒有適當管道能獲得良好教育的人。在五年之內，有超過九萬名孩童有能力閱讀、書寫，甚至去上學。

少了加盟主及漢堡王系統的供應商夥伴、每年的餐廳內廣告活動，以及許多募款活動的慷慨解囊，基金會的計畫及倡議不可能成功。有了募得的款項，基金會在將近三十個國家提供教育、讀寫能力或緊急救助給數千位學生及家庭。

在我們忠實的加盟主、供應商夥伴、餐廳顧客以及漢堡王學者計畫結業生的持續支持下，漢堡王麥克拉摩基金會會繼續紀念詹姆士・麥克拉摩和他對教育的熱情。

麥克拉摩先生的遺愛會透過北美洲數千名獎學金得主，以及在像是東南亞及南非等未開發地區，第一次獲得讀寫材料及教育的幾十萬名孩童和家庭而流傳下去。這所有的一切……是因為麥克拉摩先生對教育的重要性保有一份願景及堅持的信念。

在邁阿密起步的小漢堡連鎖店，持續為全世界的品牌追隨者、學生及家庭帶來影響。就這樣，我們要留給各位吉姆．麥克拉摩的一句話：

「學生不可能付得起提供教育的成本。這件事要靠那些在社群裡、認為值得教育年輕人，而且看到他們在社群之中成長進步的人去做。」

史蒂夫．李維（Steve Lewis），漢堡王麥克拉摩基金會主席

二〇一八年

致謝詞

我非常榮幸能為祖父的自傳出點力，因為我們家人希望能重新出版他的回憶錄，紀念他留給世人的遺愛。他在一九九六年辭世時，我年紀太小，除了他是「麥克」以及很會模仿樂一通之外，對他所知不多。能夠撰寫這本書是我的第二次機會去挖掘他的故事、向他學習，並且從他的人生及事業汲取智慧。這個過程協助我們揭露了一些訪談，包括他和戴夫・伊格頓、他的生意夥伴、提及早期的歲月，還有追思會訪談，談到他留給世人，像是家人、加盟主、朋友及同事的驚人影響力。我有機會訪問認識他的人，而每個人都告訴我，因為有他，他們成了更好的人。這個故事不只是關於一名厲害的生意人，也是一個我很驕傲能稱為家人的真正偉人。謝謝你，麥克。

我要感謝那些付出時間及努力，協助這次重新出版的人，從麥克拉摩家族到戴夫「叔叔」，以及每個幫過忙的人，包括 Jose Cil、Jim Adamson、Roland Garcia、Jim Myers、Ramon

Moral、Alex Salgueiro、Paul Clayton、Steve Lewis、Sherry Ulsh、Bentonne Snay、Amanda Israel 以及其他人。謝謝各位。

塔克．麥克寇馬克（Tucker McCormack）

企業傳奇

創新無懼：漢堡王創辦人生命與領導力的美味傳奇

2021年9月初版
定價：新臺幣420元

著者	Jim McLamore
譯者	簡秀如
叢書編輯	陳冠豪
校對	吳美滿
內文排版	李信慧
封面設計	FE設計工作室

出版者	聯經出版事業股份有限公司
地址	新北市汐止區大同路一段369號1樓
叢書編輯電話	(02)86925588轉5315
台北聯經書房	台北市新生南路三段94號
電話	(02)23620308
台中分公司	台中市北區崇德路一段198號
暨門市電話	(04)22312023
台中電子信箱	e-mail：linking2@ms42.hinet.net
郵政劃撥	帳戶第0100559-3號
郵撥電話	(02)23620308
印刷者	文聯彩色製版印刷有限公司
總經銷	聯合發行股份有限公司
發行所	新北市新店區寶橋路235巷6弄6號2樓
電話	(02)29178022

副總編輯	陳逸華
總編輯	涂豐恩
總經理	陳芝宇
社長	羅國俊
發行人	林載爵

行政院新聞局出版事業登記證局版臺業字第0130號

本書如有缺頁，破損，倒裝請寄回台北聯經書房更換。　ISBN 978-957-08-5978-2 (平裝)
聯經網址：www.linkingbooks.com.tw
電子信箱：linking@udngroup.com

國家圖書館出版品預行編目資料

創新無懼：漢堡王創辦人生命與領導力的美味傳奇/
Jim McLamore著．簡秀如譯．初版．新北市．聯經．2021年9月．
328面＋16面彩色．14.8×21公分（企業傳奇）
譯自：The burger king: a whopper of a story on life and leadership
ISBN 978-957-08-5978-2（平裝）

1.漢堡王公司（Burger King Corporation） 2.餐飲業 3.傳記
4.美國

483.8 110013492